Sicher zum Führerschein mit Fahrlehrer Lukas

Mit System zum Erfolg – Überwinde Prüfungsängste und vermeide typische Fehler – inkl. ausgewählter amtlicher Prüfungsfragen Klasse B

TIM BRESSER

TIM BRESSER

SICHER ZUM FÜHRERSCHEIN MIT FAHRLEHRER LUKAS

MIT SYSTEM ZUM ERFOLG

Überwinde Prüfungsängste und vermeide typische Fehler inkl. ausgewählter amtlicher Prüfungsfragen

IMPRESSUM

Sicher zum Führerschein mit FahrlehrerLukas. Mit System zum Erfolg – Überwinde Prüfungsängste und vermeide typische Fehler – inkl. ausgewählter amtlicher Prüfungsfragen Klasse B
Deutschsprachige Erstausgabe August 2023

Kontaktinformationen:
Tim Bresser
Centgrafenweg 20
69181 Leimen
tim.bresser@yahoo.com

Covergestaltung und Satz: Wolkenart – Marie-Katharina Becker, www.wolkenart.com
Lektorat: Dr. Peter Schäfer, www.schaefer-lektorat.de
Quellenangabe amtliche Prüfungsaufgaben: TÜV DEKRA arge tp 21
Herstellung und Verlag: Amazon KDP

1. Auflage
ISBN:978-3-9825628-0-3

Dieses Buch ist all denjenigen gewidmet, die sich auf den Weg machen, ihre Fähigkeiten zu erweitern und die Freiheit des Fahrens zu entdecken. Es ist für die Mutigen, die bereit sind, die Herausforderungen des Straßenverkehrs anzunehmen und die Sicherheit und den Respekt für andere Verkehrsteilnehmer immer im Vordergrund behalten. Es ist für die Entdecker, die neue Straßen, neue Städte und neue Abenteuer suchen.

Für euch alle haben wir dieses Buch geschrieben, um euch bei jeder Kurve, bei jeder Kreuzung und auf jeder Autobahn zu begleiten. Wir wünschen euch sichere Fahrten, unvergessliche Reisen und stets eine Handbreit Asphalt unter euren Rädern. Möge dieses Buch euch dabei helfen, sowohl die Kunst des Fahrens als auch die Kunst des Lebens besser zu verstehen.

Viel Glück und allzeit gute Fahrt!

INHALT

Wir möchten uns bei jedem einzelnen bedanken, der an der Entstehung dieses Buches mitgewirkt hat. Ohne euren Einsatz und eure Hingabe hätte dieses Werk nicht Wirklichkeit werden können. Unser tiefster Dank gilt all denjenigen, die ihre Zeit, ihr Wissen und ihre Erfahrung eingebracht haben, um unzähligen Fahrschülern den Weg zu ihrer Fahrprüfung zu erleichtern.

Besonderer Dank gilt auch all jenen, die aktiv an unseren Umfragen teilgenommen haben. Eure konstruktiven Rückmeldungen und Vorschläge haben maßgeblich dazu beigetragen, dieses Buch zu perfektionieren. Durch eure Teilnahme habt ihr es uns ermöglicht, ein umfassendes und benutzerfreundliches Lernmittel zu schaffen, das auf den tatsächlichen Bedürfnissen und Herausforderungen von Fahrschülern basiert.

Zusammen haben wir ein Werk geschaffen, das nicht nur informiert, sondern auch inspiriert. Unser gemeinsames Ziel war es immer, die Herausforderungen der Fahrprüfung leichter und zugänglicher zu machen, und dank eurer Hilfe haben wir dieses Ziel erreicht.

Vielen Dank an euch alle für eure Unterstützung und euer Engagement. Ihr habt einen unschätzbaren Beitrag zu diesem Projekt geleistet. Ohne euch wäre dieses Buch nicht das, was es heute ist.

1. EINFÜHRUNG

Der Erwerb des Führerscheins ist ein wichtiger Schritt im Leben vieler Menschen. Er ermöglicht Mobilität, Unabhängigkeit und eröffnet neue Möglichkeiten in Alltag und Beruf. Die Vorbereitung auf die Fahrprüfung kann jedoch herausfordernd und stressig sein. Mit diesem Buch möchten wir dir helfen, diese Herausforderungen erfolgreich zu meistern und dich optimal auf die theoretische und praktische Fahrprüfung vorzubereiten.

Wir haben den wichtigsten Stoff des theoretischen und praktischen Unterrichts in dieses Buch gepackt. Außerdem gehen wir unter anderem auf diese Themen ein:

- wichtige Prüfungsfragen,
- häufige Fehler,
- Herausforderungen der Prüfer,
- richtige Lerntechniken,
- Prüfungsangst.

Um dein Lernen zu vereinfachen, haben wir in diesem Buch QR-Codes integriert, die dich direkt zu den passenden Videos von Fahrlehrer Lukas Can auf TikTok und Instagram leiten. So werden viele der im Buch erklärten Themen durch anschauliches Videomaterial ergänzt. Falls du diese Apps noch nicht hast, wäre es eine gute Idee, sie herunterzuladen, um alle Vorteile dieser Ressource nutzen zu können.

Mit der Expertise von Fahrlehrer Lukas Can, der seit 2020 erfolgreich Fahrschüler ausbildet und durch seine praxisnahen und leicht verständlichen Videos auf TikTok bekannt geworden ist, bieten wir dir wertvolle Tipps, Ratschläge und Informationen rund um das Thema Führerscheinausbildung.

"Dieses Buch ist die Frucht einer engen Zusammenarbeit zwischen mir, Lukas Can, und meinem langjährigen Freund Tim Bresser. Unsere Verbindung reicht bis in unsere gemeinsamen Schulzeiten zurück, durchlief gleiche Ausbildungswege und bestand auch in gemeinsamen Fitnessstudio-Besuchen. Als erfahrener Fahrlehrer konnte ich mein tiefgründiges Wissen und meine Erfahrungen mit Tim teilen. Durch die Kombination meiner praxisnahen Kenntnisse mit Tims Fachwissen in der Buchgestaltung und dank eurer wertvollen Rückmeldungen aus den Umfragen, konnten wir tiefere Einblicke in eure Bedenken und Herausforderungen gewinnen. Dies ermöglichte es uns, ein Endprodukt zu entwickeln, das nicht nur informativ und benutzerfreundlich ist, sondern auch perfekt auf eure Bedürfnisse als Fahrschüler zugeschnitten ist.

Wir erhielten auch wertvolle Unterstützung von meinem Schwager Münür Aygün. Münür, Leiter der erfolgreichen Fahrschule "Traffic" in Göppingen, hat uns mit seiner praktischen Erfahrung und seinen wertvollen Einsichten bereichert.

Zusammenfassend ist dieses Buch das Ergebnis unserer gemeinsamen Bemühungen und Zusammenarbeit. Unser Ziel ist es, dir das nötige Wissen und Selbstvertrauen zu vermitteln, um deine Fahrprüfung erfolgreich zu bestehen und dich auf deinem Weg zum Führerschein bestmöglich zu unterstützen. Wir wünschen dir viel Erfolg und Freude bei der Lektüre und deiner Führerscheinausbildung."

1.1 Dein Weg zum Führerschein – was du wirklich brauchst

Führerschein – ein Wort, das Freiheit, Unabhängigkeit und wahrscheinlich auch ein bisschen Nervenkitzel bedeutet. Aber wie genau kommst du nun zu diesem Stück Plastik, das dir das Privileg gibt, ein Fahrzeug zu steuern? In diesem Kapitel geht es um die absoluten Basics, die du wissen musst, um den Prozess des Führerscheinerwerbs zu verstehen und zu meistern.

Optionen beim Führerschein – Was ist die Schlüsselzahl 197? Seit dem Frühjahr 2021 eröffnet Deutschland Fahrschülern eine neue Möglichkeit: Du kannst die Fahrerlaubnisprüfung der Klasse B auf einem Automatikfahrzeug absolvieren und hast danach trotzdem das Recht, einen Schaltwagen zu fahren. Dieser flexible Ansatz wird durch die Schlüsselzahl 197 in deinem Führerschein gekennzeichnet. Bis zu dieser Änderung konnte man sich zwar für einen Führerschein für Automatikfahrzeuge entscheiden, aber das Fahren mit einem Schaltwagen war dann nicht erlaubt. Alle Fahrstunden und die Fahrprüfung fanden in diesem Fall in einem Automatikwagen statt, und die Schlüsselzahl 78 im Führerschein zeigte an, dass die Fahrerlaubnis ausschließlich für Fahrzeuge mit Automatikgetriebe galt. Mit der Einführung der Schlüsselzahl 197 wurden diese Einschränkungen gelockert. Jetzt zeigt die Zahl zwar noch an, dass die Prüfung auf einem Automatikwagen abgelegt wurde, aber sie hat keine praktischen Auswirkungen mehr. Du darfst sowohl im Inland als auch im Ausland offiziell einen Wagen mit Schaltgetriebe fahren. Es gibt jedoch bestimmte Bedingungen, die du erfüllen musst, um einen Führerschein mit der Schlüsselzahl 197 zu erhalten:

- Du musst mindestens zehn Fahrstunden (à 45 Minuten) auf einem Schaltwagen der Klasse B absolvieren. Dies ist ein wichtiger Bestandteil deiner praktischen Führerscheinausbildung.

- Zudem ist eine Testfahrt auf einem Schaltwagen von mindestens 15 Minuten Dauer erforderlich. Diese Fahrt sollte sowohl innerhalb als auch außerhalb geschlossener Ortschaften stattfinden und wird von deinem Fahrlehrer begleitet werden.

Die Testfahrt dient dazu, deine Fähigkeit, ein Schaltgetriebe zu bedienen, zu zeigen. Es ist dann nicht nötig, zusätzlich eine Prüfung mit einem Schaltwagen abzulegen. Nachdem du die nötigen Fahrstunden und die Testfahrt erfolgreich absolviert hast, steht die eigentliche Fahrprüfung an. Diese kann dann mit einem Automatikwagen durchgeführt werden.

Es ist wichtig zu beachten, dass es bei der Schlüsselzahl 197 (ohne Einschränkungen) Besonderheiten gibt, wenn man später eine höhere Führerscheinklasse erwerben möchte, wie zum Beispiel die Klasse BE (Anhänger). Sollte die Anhängerprüfung ebenfalls mit einem Automatikfahrzeug durchgeführt werden, erhältst du in diesem Fall einen Automatikeintrag mit der Schlüsselzahl 78 in der Klasse BE. Dies könnte sich in der Zukunft noch ändern. Möchtest du diese Beschränkung vermeiden, müsste die Prüfung mit einem Schaltwagen abgelegt werden – ob das für dich sinnvoll ist, hängt von deinen persönlichen Bedürfnissen und Plänen ab.

Zum Video

1. **Anmeldung zur Fahrschule:** Sobald du deine Entscheidung getroffen hast, ob du einen klassischen Führerschein der Klasse B oder den Führerschein mit der Schlüsselzahl 197 erwerben möchtest, ist es an der Zeit, dich bei der Fahrschule deiner Wahl anzumelden. Du wirst einige Unterlagen benötigen wie zum Beispiel deinen Personalausweis und ein Passfoto. Außerdem musst du einen Erste-Hilfe-Kurs und einen Sehtest machen. Beides kannst du direkt bei deiner Fahrschule oder einem externen Anbieter erledigen. Deine vollständigen Unterlagen reichst du zusammen mit dem Anmeldeformular bei der zuständigen Behörde, in der Regel im Rathaus, ein. Sobald du dich bei der Fahrschule angemeldet hast, kannst du mit der theoretischen Ausbildung starten.

ACHTUNG! Bedenke dass die Bearbeitung deiner Unterlagen etwa drei bis sechs Wochen in Anspruch nehmen kann. Daher ist es wichtig, dass du diese rechtzeitig einreichst, sonst kann deine Anmeldung zur Prüfung verzögert werden.

2. **Theoretische Ausbildung:** Sobald du angemeldet bist, kannst du deine theoretische Ausbildung starten. Diese umfasst allgemeine Verkehrsregeln und spezifische Regeln für die Fahrzeugklasse, die du erlernen möchtest. Dabei werden dir die Grundlagen des sicheren Fahrens beigebracht, und du lernst, die Verkehrszeichen und -regeln zu interpretieren.

3. **Praktische Ausbildung**: Während du deine Theoriestunden besuchst, kannst du schon mit dem praktischen Teil beginnen. Keine Sorge, du wirst nicht sofort ins kalte Wasser geworfen. Dein Fahrlehrer wird dir alles Schritt für Schritt beibringen. Du wirst von den leichten zu den schweren Dingen herangeführt. Zuerst lernst du die Grundlagen am Fahrzeug kennen – und wenn du bereit bist, zeigt dir dein Fahrlehrer, wie du dein Fahrzeug sicher durch den Straßenverkehr manövrierst. Zusätzlich zu den normalen Fahrstunden gibt es besondere Ausbildungsfahrten, die du machen musst: Überland- (5), Autobahn- (4) und Nachtfahrten (3).

4. **Theoretische Prüfung:** Wenn du dich sicher genug fühlst und dein Fahrlehrer meint, dass du bereit bist, steht die theoretische Prüfung an. Hier musst du in einem Multiple-Choice-Test dein Wissen über Verkehrsregeln und -zeichen unter Beweis stellen.

5. **Praktische Prüfung:** Sobald du den theoretischen Teil gemeistert hast, steht der finale Schritt an: die praktische Fahrprüfung. Jetzt ist es an der Zeit, unter den Blicken eines Prüfers deine erlernten Fähigkeiten und Fertigkeiten unter Beweis zu stellen. Zeige, dass du in der Lage bist, das Fahrzeug sicher, zügig und gewandt im Straßenverkehr zu steuern – und das natürlich immer unter Beachtung der Verkehrsregeln.

Mit dem Bestehen deiner Prüfung hältst du endlich deinen Führerschein in den Händen und bist bereit, eigenständig zu fahren. **Aber bedenke: Der Weg des Lernens endet hier nicht. Tatsächlich beginnt er gerade erst, denn lebenslanges Lernen ist ein wesentlicher Teil des Fahrerlebnisses – man lernt nie aus.**

Die Straße bietet ständig neue Situationen und Überraschungen. Bleibe immer wachsam, fahre sicher und freue dich auf jede neue Fahrt als Chance, noch mehr zu lernen.

1.2 FahrlehrerLukas, wer ist das?

Lukas Can, 1994 geboren, besuchte die Realschule und absolvierte danach eine Ausbildung zum Industriemechaniker bei Heidelberger Druckmaschinen. Nach seiner Ausbildung wechselte er zur BASF und schloss dort eine Umschulung zum Chemikant ab. Obwohl er in seinem neuen Beruf erfolgreich war, entschied er sich, eine berufliche Veränderung anzustreben, da er nicht ständig mit giftigen Stoffen hantieren wollte.

Im Jahr 2020 erhielt Lukas die Gelegenheit, erste Einblicke in den Fahrlehrerberuf zu gewinnen. Durch seinen Schwager Münür Aygün, der selbst Fahrlehrer ist und die renommierte Fahrschule Traffic in Göppingen leitet, konnte Lukas wertvolle Erfahrungen sammeln und entdeckte seine Leidenschaft, anderen Menschen zu helfen und sie auf ihrem Weg zum Führerschein zu unterstützen.

Anschließend nahm Lukas an einer Schulung zum Fahrlehrer teil. Seitdem hat er sich dieser Aufgabe mit großem Engagement gewidmet und vielen Fahrschülern dabei geholfen, ihre Fahrprüfungen erfolgreich zu bestehen.

Im Jahr 2022 kam Lukas auf die Idee, kurze Videos aufzunehmen und sie auf TikTok hochzuladen. Durch diese Plattform konnte er noch mehr Menschen erreichen, die seine Videos nutzen, um wichtige Dinge rund um das Fahren zu lernen und praktische Tipps zu erhalten. Dies hat dazu beigetragen, dass Lukas Can als Fahrlehrer immer bekannter wurde und seine Reichweite in den sozialen Medien stetig wuchs.

Momentan ist er der einzige Fahrlehrer auf TikTok, der mit einem blauen Haken ausgezeichnet wurde – ein Symbol für Authentizität und Vertrauenswürdigkeit. Dieses Symbol sagt auch etwas über die Qualität des Inhalts aus, den du auf dem Kanal »FahrlehrerLukas« findest. Mit über 630 000 Followern auf TikTok ist er nicht nur ein verifizierter Nutzer, sondern auch ein angesehener Experte in seinem Fachgebiet. Seine unterhaltsamen und lehrreichen Videos haben ihm eine große Fangemeinde und den Respekt seiner Kollegen eingebracht.

1.3 Unser Ziel: Umfassende Unterstützung für deinen Erfolg

Das Hauptziel dieses Buches ist es wie gesagt, dir umfassende Unterstützung zu bieten, sodass du bestmöglich auf die Fahrprüfung vorbereitet bist und am Ende stolz den Führerschein in deinen Händen halten kannst. Unser Buch ist auf die häufigsten Themen der theoretischen und praktischen Führerscheinprüfung ausgerichtet. Es ist als zusätzliche Hilfe zum Fahrschulunterricht und zum Üben mit Fragebögen gedacht. Wir fokussieren uns bewusst auf das Wichtigste und versuchen, den Inhalt kurz und verständlich zu gestalten.

Wir möchten dir ein solides Fundament für deine gesamte Führerscheinausbildung bieten und dir dabei helfen, alle Aspekte der Fahrprüfung zu meistern. Deshalb setzen wir auf eine Kombination aus fachlichem Know-how, verständlichen Erklärungen und praxisnahen Beispiele, um dich optimal zu unterstützen.

Ein wesentlicher Bestandteil dieses Ansatzes ist die Verwendung von Videomaterial. Durch anschauliche Videos können wir dir die theoretischen Inhalte und Regeln des Straßenverkehrs in einem praxisnahen Kontext vermitteln. Diese visuellen Hilfsmittel ermöglichen dir ein besseres Verständnis und eine intensivere Auseinandersetzung mit den Lerninhalten. Die Videos zeigen reale Situationen auf der Straße, erklären Vorfahrtsregeln, Parkverfahren und viele andere Aspekte des Fahrens. So kannst du das Gelernte leichter in der Praxis anwenden und dich optimal auf deine Prüfung vorbereiten.

Wir werden uns dafür einsetzen, dass du mit Selbstvertrauen und Gelassenheit in die Fahrprüfung gehen kannst, in dem Wissen, dass du bestens vorbereitet bist. Und am Ende deines Weges steht der Lohn für all die harte Arbeit, die Mühen und die Zeit, die du investiert hast: der Führerschein, der dir neue Horizonte und Möglichkeiten eröffnet.

1.4 Was dir dieses Buch konkret bringt

Hier ist ein Überblick über das, was du aus der Lektüre ziehen kannst:

1. **Strukturierte und übersichtliche Darstellung:** Alle Inhalte sind logisch geordnet und klar strukturiert, was dir erlaubt, die verschiedenen Aspekte der Führerscheinausbildung nach und nach zu erlernen und zu vertiefen. Damit du beim Lernen Fortschritte machst, haben wir QR-Codes eingebaut, die dich zu ergänzenden Videos von Fahrlehrer Lukas auf TikTok und Instagram führen. Damit wird dein Verständnis auf eine neue, interaktive Ebene gehoben.

2. **Praxisnahe Beispiele und Tipps:** FahrlehrerLukas teilt seine Erfahrungen und gibt dir wertvolle Tipps und praxisnahe Beispiele, die dir helfen, das Gelernte besser zu verstehen und in der Prüfungssituation anzuwenden.

3. **Individuelle Lernstrategien:** Das Buch geht auf verschiedene Lerntypen und Lernmethoden ein, sodass du deinen eigenen Lernstil erkennen und effektiver lernen kannst.

4. **Umgang mit Prüfungsangst**: Wir bieten dir Techniken und Ratschläge, um Prüfungsangst zu bewältigen und entspannter in die Fahrprüfung zu gehen.

5. **Häufige Prüfungsfehler:** Unser Buch nimmt sich den alltäglichen Fehlern an, die Fahrschüler oft machen, sowie den typischen Aufgaben, die Prüfer gerne stellen. So erhältst du wertvolle Einblicke, die dir helfen,

diese Stolpersteine zu umgehen und deine Erfolgschancen zu maximieren.

6. **Umfassendes Wissen:** Das Buch ist darauf ausgelegt, die bedeutendsten und am häufigsten gestellten Fragen der Führerscheinprüfung zu behandeln, um das erworbene Wissen zu vertiefen: Es behandelt alle wichtigen Themen, von Verkehrsregeln, Fahrzeugtechnik bis Umweltschutz.

7. **Amtliche Prüfungsfragen:** Wir haben 30 amtliche Prüfungsaufgaben zum Thema Vorfahrtsrecht in das Buch integriert. Bei der Bearbeitung dieser Aufgaben geht es nicht nur darum, die richtige Antwort zu kennen, sondern vor allem das Prinzip dahinter zu verstehen. Wir legen großen Wert darauf, dass dir jede Aufgabe leicht verständlich erklärt wird, damit du das Prinzip des Vorfahrtsrechts auf jede beliebige andere Verkehrssituation anwenden kannst. Dadurch wirst du nicht nur die Prüfung bestehen, sondern auch ein tieferes Verständnis für sicheres Fahren entwickeln.

02

INDIVIDUELLE LERNSTRATEGIEN UND LERNTYPEN

Ein wichtiger Aspekt der Führerscheinausbildung ist die Fähigkeit, effektiv und nachhaltig zu lernen. Indem du deinen eigenen Lerntyp erkennst und die passenden Lernmethoden anwendest, kannst du den Lernprozess optimieren und schneller Fortschritte erzielen. In diesem Kapitel werden wir verschiedene Lerntypen und individuelle Lernstrategien vorstellen, die dir dabei helfen, mehr über deine Lerngewohnheiten herauszufinden. Dadurch wirst du den Stoff besser verstehen und behalten.

2.1 Lerntypen

Es gibt vier grundlegende Lerntypen, die auf unterschiedliche Weise Informationen verarbeiten und lernen:

VISUELLER LERNTYP

Visuelle Lerner nehmen Informationen am besten durch Bilder, Grafiken und visuelle Darstellungen auf. Sie profitieren von Mindmaps, Schaubildern und farbigen Markierungen, um den Stoff besser zu strukturieren und zu behalten.

AUDITIVER LERNTYP

Auditive Lerner lernen am besten durch Hören und Sprechen. Ihnen helfen Diskussionen, Vorlesungen und das Wiederholen von Informationen in eigenen Worten, um den Stoff besser zu verinnerlichen.

KOMMUNIKATIVER LERNTYP

Kommunikative Lerner lernen am besten in sozialen Situationen, indem sie sich mit anderen austauschen und gemeinsam an Aufgaben arbeiten.

Gruppenarbeiten, Diskussionen und das Erklären von Themen für andere sind effektive Lernmethoden für sie.

KINÄSTHETISCHER (HAPTISCHER) LERNTYP

Kinästhetische Lerner lernen am besten durch Anfassen, Bewegen und praktische Erfahrungen. Ihnen helfen praktische Übungen, Rollenspiele und das Ausprobieren von Dingen, um den Stoff besser zu begreifen und zu verinnerlichen.

2.2 Individuelle Lernstrategien

Abhängig von deinem Lerntyp kannst du verschiedene Lernstrategien anwenden, um den Stoff effektiver und nachhaltiger zu lernen:

STRATEGIEN FÜR VISUELLE LERNER

- Erstelle Karteikarten mit Verkehrszeichen und deren Bedeutungen, und nutze Bilder und Farben, um die verschiedenen Kategorien zu unterscheiden.
- Schaue dir Videos oder Animationen an, die Fahrmanöver und Verkehrssituationen veranschaulichen.
- Nutze Apps oder Online-Plattformen, die interaktive Lernhilfen wie Bilder, Grafiken und Lernspiele anbieten.

STRATEGIEN FÜR AUDITIVE LERNER

- Höre dir Hörbücher oder Podcasts zum Thema Führerschein und Verkehrsregeln an.
- Sprich mit deinem Fahrlehrer oder anderen Fahrschülern über die gelernten Inhalte und tausche Erfahrungen aus.

- Nehme deine eigene Stimme auf, während du Verkehrsregeln oder Fahrmanöver erklärst, und höre dir die Aufnahme später erneut an.

STRATEGIEN FÜR KOMMUNIKATIVE LERNER

- Organisiere Lerngruppen mit anderen Fahrschülern und besprich die gelernten Inhalte mit ihnen.
- Stelle Fragen an deinen Fahrlehrer und beteilige dich aktiv an Diskussionen während des theoretischen Unterrichts.
- Teile deine Erfahrungen und Herausforderungen in sozialen Medien oder Foren, um dich mit anderen Fahrschülern auszutauschen.

STRATEGIEN FÜR KINÄSTHETISCHE (HAPTISCHE) LERNER

- Führe Fahrübungen und Fahrmanöver so oft wie möglich in der Praxis durch, um ein besseres Verständnis und mehr Sicherheit zu gewinnen.
- Verwende Modelle oder Spielzeugautos, um Fahrmanöver und Verkehrssituationen auf einem Tisch oder einer Fläche nachzustellen und besser zu visualisieren.
- Setze dich aktiv mit deinem Fahrzeug auseinander, indem du beispielsweise die verschiedenen Bedienelemente, Sicherheitssysteme und die Funktionsweise der Technik kennenlernst.

Indem du die für deinen Lerntyp passenden Methoden anwendest, kannst du das Gelernte effektiver aufnehmen und schneller Fortschritte auf dem Weg zum Führerschein erzielen.

2.3 Intensives Lernen trotz begrenzter Zeit

Manchmal bleibt im Alltag aufgrund von Schule, Arbeit oder Familie wenig Zeit für das Lernen. Doch auch wenn die verfügbare Zeit begrenzt ist, kannst du effektiv und intensiv lernen. In diesem Abschnitt findest du Tipps und Strategien, um das Beste aus deiner Lernzeit herauszuholen.

ZEITMANAGEMENT UND PRIORISIERUNG

Plane deine Lernzeit im Voraus und setze dir klare Ziele für jede Lerneinheit. Priorisiere die Themen, die du am dringendsten benötigst oder die dir am schwersten fallen. Nutze To-Do-Listen und Lernpläne, um den Überblick zu behalten und deine Lernfortschritte zu dokumentieren.

LERNEN IN KLEINEN EINHEITEN

Teile den Lernstoff in kleinere, leichter verdauliche Abschnitte auf und lerne in kurzen, intensiven Einheiten. Diese Methode, auch als Microlearning bekannt, ist besonders effektiv, wenn du wenig Zeit hast, da sie das Gelernte schnell und nachhaltig vermittelt.

NUTZUNG VON LEERLAUFZEITEN

Nutze Wartezeiten oder Pausen im Alltag, um kurz in deine Lernunterlagen zu schauen oder Karteikarten durchzugehen. Du wirst überrascht sein, wie viel du in diesen kurzen Momenten lernen kannst.

FOKUSSIERTES LERNEN

Schalte Ablenkungen wie das Smartphone, soziale Medien oder Fernsehen aus und konzentriere dich voll und ganz auf das Lernen. Selbst kürzere Lerneinheiten können sehr effektiv sein, wenn du fokussiert und konzentriert arbeitest.

REGELMÄSSIGES WIEDERHOLEN

Wiederhole das Gelernte regelmäßig, um es langfristig im Gedächtnis zu verankern. Nutze Systeme wie das Spaced Repetition System, um den optimalen Wiederholungszeitpunkt für jeden Lerninhalt zu ermitteln.

ENTSPANNUNG UND SCHLAF

Vergiss nicht, auch Pausen einzuplanen und deinem Körper und Geist die nötige Erholung zu gönnen. Ausreichend Schlaf ist besonders wichtig, um das Gelernte zu festigen und neue Energie für das Lernen zu gewinnen.

03

THEORETISCHE BASICS

In diesem Kapitel werden wir uns mit den theoretischen Grundlagen beschäftigen, die du für deine Fahrausbildung brauchst. Wir haben für dich die Themen ausgewählt, die am häufigsten abgefragt werden und besonders wichtig für die Sicherheit im Straßenverkehr sind. Wir möchten betonen, dass das, was wir dir hier präsentieren, eine Ergänzung zum Lernen mit den Fragebögen ist. Es werden wahrscheinlich auch Themengebiete abgefragt, die wir hier nur kurz anschneiden, daher musst du unbedingt auch die offiziellen Fragebögen durcharbeiten, um optimal auf die Theorieprüfung vorbereitet zu sein. Die nachfolgenden Kapitel sollen dir lediglich dabei helfen, die wichtigsten und schwierigsten Themen besser zu verstehen und zu vertiefen.

3.1 Persönliche Voraussetzungen

Bevor wir uns auf die spannende Reise des Autofahrens begeben, möchten wir mit dir über die Basics sprechen. Jap, das sind die persönlichen Voraussetzungen! Damit du im Straßenverkehr ein Kraftfahrzeug führen darfst, musst du gewisse Kriterien erfüllen. Du solltest nämlich weder dich noch andere beim Fahren gefährden.

3.1.1 Körperliche Fähigkeiten und Sinnesorgane

Unsere Sinnesorgane spielen beim Autofahren eine entscheidende Rolle. Ohne sie wären wir nicht in der Lage, sicher und verantwortungsvoll am Straßenverkehr teilzunehmen. Daher ist es von großer Bedeutung, dass wir uns ihrer Wichtigkeit bewusst sind und sie entsprechend nutzen.

Das **Sehen** ist wohl das wichtigste Sinnesorgan beim Autofahren. Ohne eine gute Sicht könnten wir Verkehrsschilder, andere Fahrzeuge und Hindernisse nicht erkennen. Deshalb ist es wichtig, vor dem Erwerb des Führerscheins einen Sehtest durchzuführen und wenn nötig eine Brille oder Kontaktlinsen zu tragen.

Das **Hören** ist ebenfalls von großer Bedeutung beim Fahren. Wir müssen in der Lage sein, Sirenen von Einsatzfahrzeugen, Hupen oder Warnsignale anderer

Verkehrsteilnehmer wahrzunehmen. Dies ermöglicht uns, schnell und angemessen auf mögliche Gefahrensituationen zu reagieren.

Das **Fühlen** ist ebenfalls wichtig beim Autofahren. Durch das Fühlen von Vibrationen am Lenkrad oder im Fahrzeug können wir mögliche Defekte oder Probleme erkennen und entsprechend reagieren.

Unser **Riechsinn** kann uns ebenfalls helfen, potenzielle Gefahren oder Probleme zuerkennen. Ein Schmorgeruch oder der Geruch von Benzin kann auf technische Probleme mit unserem Fahrzeug hinweisen, die wir umgehend beheben sollten, um unsere Sicherheit und die der anderen Verkehrsteilnehmer zu gewährleisten.

Das **Schmecken** ist zwar auch eines unserer Sinnesorgane, aber beim Autofahren ist es nicht unmittelbar relevant. Den Burger oder den Kaffee solltest du lieber genießen, wenn du angekommen bist und nicht während der Fahrt. Ablenkungen beim Fahren können gefährlich sein und sollten vermieden werden.

3.1.2 Einschränkungen der Sinne durch Drogen, Alkohol, Krankheit

Du denkst, es ist cool, betrunken oder bekifft Auto zu fahren? Glaub mir, das ist es nicht. Alkohol, Drogen, bestimmte Krankheiten oder Medikamente können deine Sinne beeinträchtigen und das Autofahren extrem gefährlich machen. Lass mich das klarstellen: Wenn du dich nicht an diese Grundregeln halten willst, dann ist es besser, wenn du den Führerschein gar nicht erst machst. Echt jetzt: Setze nicht dein Leben oder das der anderen aufs Spiel!

Alkohol: Alkohol beeinträchtigt unsere Reaktionsfähigkeit, Konzentration und Wahrnehmung. Selbst geringe Mengen können dazu führen, dass wir uns selbst überschätzen und Fehleinschätzungen treffen. Zudem kann Alkohol dazu führen, dass wir langsamer und unkoordinierter reagieren und somit unsere Sicherheit sowie die der anderen Verkehrsteilnehmer gefährden.

Drogen: Drogen können ebenfalls unsere Fahrtüchtigkeit stark beeinträchtigen. Sie können unsere Wahrnehmung verändern, zu Sinnestäuschungen führen und unsere Reaktionsfähigkeit herabsetzen. Darüber hinaus können sie auch unsere Entscheidungsfindung stören, sodass wir riskante oder gefährliche Manöver durchführen, die zu Unfällen führen können.

Krankheit: Krankheiten können unsere körperliche und geistige Leistungsfähigkeit beeinträchtigen. Fieber, Schwindel oder Schmerzen können dazu führen, dass wir uns nicht ausreichend auf das Fahren konzentrieren können und somit eine Gefahr für uns und andere darstellen. In solchen Fällen ist es besser, auf das Autofahren zu verzichten und sich auszuruhen, bis wir wieder fit sind.

Medikamente: Bestimmte Medikamente können Nebenwirkungen haben, die unsere Fahrtüchtigkeit beeinflussen. Dazu gehören Schläfrigkeit, Schwindel oder eingeschränkte Reaktionsfähigkeit. Es ist wichtig, den Beipackzettel genau zu lesen und sich an die Empfehlungen des Arztes oder Apothekers zu halten. Wenn ein Medikament das Autofahren beeinträchtigen kann, sollten wir auf alternative Verkehrsmittel zurückgreifen oder jemanden bitten, uns zu fahren.

Lass uns zusammenfassen: Es ist entscheidend, sich der Risiken bewusst zu sein, die Alkohol, Drogen, Krankheiten und Medikamente für unsere Fahrtüchtigkeit darstellen. Durch das Vermeiden dieser Risikofaktoren tragen wir dazu bei, die Sicherheit im Straßenverkehr für uns und andere zu erhöhen.

3.1.3 Die harte Wahrheit

Stell dir vor, du verursachst einen Unfall, weil du unter dem Einfluss von Alkohol oder Drogen stehst. Du könntest jemanden schwer verletzen oder sogar töten – und das nur, weil du dachtest, es sei cool, Regeln über Bord zu werfen. Ganz zu schweigen von den rechtlichen Konsequenzen: Du könntest deinen Führerschein verlieren, hohe Geldstrafen zahlen müssen oder sogar im Gefängnis landen. Ganz ehrlich, das ist alles andere als cool.

Also, bevor wir richtig loslegen, denk noch mal darüber nach, ob du bereit bist, dich an diese Grundregeln zu halten. Sei ehrlich zu dir selbst. Wenn du nicht bereit bist, die Verantwortung für dich und andere Verkehrsteilnehmer zu übernehmen, dann solltest du das Autofahren lieber lassen. Aber wenn du bereit bist, verantwortungsvoll zu handeln, dann freuen wir uns darauf, dich auf deinem Weg zum Führerschein zu begleiten. Glaub mir, es wird sich lohnen!

3.2 Rechtliche Rahmenbedingungen

In diesem Kapitel werden wir die rechtlichen Rahmenbedingungen besprechen, die für das Führen eines Kraftfahrzeugs in Deutschland wichtig sind. Hier ist eine Zusammenfassung der Punkte, die du auf jeden Fall im Kopf haben solltest:

Führerschein: Um ein Fahrzeug führen zu dürfen, benötigt man, wie du weißt, einen gültigen Führerschein. In Deutschland gibt es verschiedene Führerscheinklassen, die bestimmen, welche Fahrzeuge man fahren darf. Der Führerschein ist auch im EU-Ausland gültig und auch für die meisten kurzfristigen Aufenthalte in Nicht-EU-Ländern.

Führerschein Klasse B: Mit der Führerscheinklasse B darf man Kraftfahrzeuge bis 3,5 Tonnen Gesamtgewicht fahren, Anhänger bis 750 Kilo ziehen und bei Anhängern über 750 Kilo, solange die Kombination aus Zugfahrzeug und Anhänger nicht mehr als 3,5 Tonnen wiegt.

Führerschein auf Probe: Für Fahranfänger gilt eine zweijährige Probezeit. In dieser Zeit müssen sie bestimmte Verstöße gegen die Straßenverkehrsordnung vermeiden, sonst drohen Nachschulungen oder im schlimmsten Fall der Entzug der Fahrerlaubnis.

Begleitetes Fahren ab 17: In Deutschland hast du die Möglichkeit, schon ab 17 Jahren unter Begleitung einer erfahrenen Person Auto zu fahren. Diese Option nennt man »Begleitetes Fahren ab 17«, oder auch »BF17«. Dabei müssen deine Begleitpersonen bestimmte Voraussetzungen erfüllen, wie zum Beispiel ein Mindestalter von 30 Jahren und mindestens fünf Jahre Fahrpraxis. Zudem darf die Begleitperson maximal einen Punkt im Fahreignungsregister aufweisen. Beachte, dass du die

Theorieprüfung frühestens drei Monate vor deinem 17. Geburtstag ablegen darfst. Auch wichtig: Du kannst die praktische Prüfung frühestens einen Monat vor deinem 17. Geburtstag machen. Nach erfolgreich bestandener Prüfung erhältst du zunächst eine Prüfbescheinigung, die du ab deinem 18. Geburtstag gegen den echten Kartenführerschein umtauschen kannst. Begleitetes Fahren gilt nur in Deutschland und Österreich.

Zulassung und Betriebserlaubnis: Ein Fahrzeug darf nur dann am Straßenverkehr teilnehmen, wenn es zugelassen und mit einer gültigen Betriebserlaubnis genutzt wird. Die Zulassungsstelle kümmert sich um die Einhaltung dieser Vorschriften.

Kennzeichen: Jedes Fahrzeug muss mit einem amtlichen Kennzeichen ausgestattet sein, das die Zulassungsstelle zugeteilt hat. Es dient der Identifikation des Fahrzeugs und muss stets gut lesbar sein.

TÜV: In Deutschland müssen Fahrzeuge alle zwei Jahre vom TÜV (Technischer Überwachungsverein) überprüft werden. Die TÜV-Plakette zeigt das nächste Fälligkeitsdatum der Hauptuntersuchung an und muss auf dem hinteren Kennzeichen angebracht sein.

Versicherung: In Deutschland ist eine Haftpflichtversicherung für jedes Fahrzeug gesetzlich vorgeschrieben. Diese Versicherung deckt Schäden ab, die du anderen mit deinem Fahrzeug zufügst. Aber Vorsicht, Schäden an deinem eigenen Fahrzeug sind durch die Haftpflichtversicherung nicht abgedeckt – diese Kosten musst du normalerweise selbst tragen.

Wenn du jedoch auch Schäden an deinem eigenen Fahrzeug absichern möchtest, gibt es zusätzliche Versicherungen wie die Teilkasko- und Vollkaskoversicherung. Eine Teilkaskoversicherung übernimmt in der Regel Schäden durch Feuer, Diebstahl, Wildunfälle, Hagel und Überschwemmungen an deinem Auto. Eine Vollkaskoversicherung bietet zusätzlich Schutz bei selbst verschuldeten Unfällen oder wenn jemand dein Auto beschädigt und flüchtet. So bist du rundum abgesichert.

Erlöschen der Betriebserlaubnis: Wenn du an deinem Fahrzeug Veränderungen vornimmst, kann die Betriebserlaubnis und somit der Versicherungsschutz erlöschen. Punkte im Fahreignungsregister und Bußgeldzahlungen sind vorprogrammiert. Solltest du noch in der Probezeit sein, kann dies zum Verlust deines Führerscheins führen. Einige dieser Änderungen wären zum Beispiel Tieferlegung, Veränderung der Auspuffanlage oder auch einfach allgemeines Tuning. Informiere dich immer, bevor du etwas an deinem Fahrzeug änderst.

Internationaler Kraftfahrzeugverkehr: Innerhalb der Europäischen Union ist ein Führerschein aus Deutschland grundsätzlich anerkannt. Bei Reisen in Länder außerhalb der EU kann ein internationaler Führerschein erforderlich sein. Es empfiehlt sich, sich vor Reiseantritt über die jeweiligen Regelungen zu informieren.

3.3 Nutzung des Straßenverkehrssystems

In diesem Kapitel werden wir uns intensiver mit der Orientierung im Straßenverkehrssystem auseinandersetzen. Als Fahranfänger ist es besonders wichtig, diese Grundlagen zu verstehen und anzuwenden. Beachte, dass dieses Kapitel sowohl für die theoretische als auch für die praktische Prüfung von entscheidender Bedeutung ist. In der Theorieprüfung bringen Fragen zu diesen Themen häufig fünf Punkte, und in der praktischen Prüfung kann ein Fehler in diesem Bereich dazu führen, dass du durchfällst.

3.3.1 Straße, Fahrbahnmarkierungen und Rechtsfahrgebot

Die Straße besteht aus verschiedenen Elementen: der Fahrbahn, auf der Autos fahren, dem Gehweg für Fußgänger und gegebenenfalls einem Radweg für Radfahrer. Du solltest stets auf der rechten Fahrbahnseite fahren, um den Verkehrsfluss aufrechtzuerhalten und Unfälle zu vermeiden. Das Rechtsfahrgebot besagt, dass du so weit wie möglich rechts fahren solltest, es sei denn, du überholst oder es gibt eine Fahrbahnmarkierung, die dies untersagt. Du darfst zum Beispiel vom Rechtsfahrgebot abweichen, wenn die Verkehrsdichte dies rechtfertig, wenn Pfeile auf der Fahrbahn angebracht sind oder wenn der Verkehr durch Ampeln geregelt wird.

Fahrstreifennutzung, Sonderfahrstreifen und Sonderwege

Achte darauf, den richtigen Fahrstreifen zu nutzen. Sonderfahrstreifen wie Busspuren oder Fahrradwege sind nur für bestimmte Fahrzeuge bestimmt und dürfen nicht von anderen Verkehrsteilnehmern genutzt werden.

Sonderwege wie Gehwege und Radwege sind ausschließlich für Fußgänger beziehungsweise Radfahrer vorgesehen und dürfen von Autos nicht befahren werden.

Fahrbahnmarkierungen

Sie sind sehr wichtig, um den Verkehr zu lenken und Verkehrsregeln anzuzeigen. Dazu gehören:

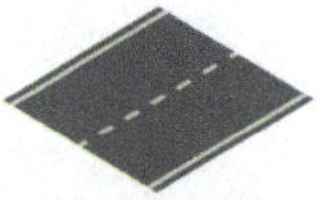

Leitlinien trennen Fahrstreifen voneinander und dürfen überfahren werden, vorausgesetzt es besteht keine Gefährdung anderer Verkehrsteilnehmer.

Pfeilmarkierungen zeigen an, in welche Richtung du auf einem Fahrstreifen fahren darfst.

Vorankündigungspfeile sind Straßenmarkierungen, die eine kommende Fahrstreifenbegrenzung oder das Ende eines Fahrstreifens anzeigen. Sie sollen dir dabei helfen, dich auf der Straße zu orientieren und rechtzeitig auf Änderungen der Fahrstreifenführung zu reagieren.

Die einseitige Fahrstreifenbegrenzung ist eine Kombination aus Leitlinie und Fahrstreifenbegrenzung. Die Linie darf nur überfahren werden, wenn du die gestrichelte Linie auf deiner Seite hast.

Die Fahrstreifenbegrenzung ist eine durchgezogene Linie, die deine Fahrrichtung und die des Gegenverkehrs abgrenzt. Sie darf nicht überfahren werden.

Sperrflächen markieren Bereiche, die nicht befahren werden dürfen (etwa durch Schraffur).

Fußgängerüberwege: Achte auf Fußgängerüberwege (Zebrastreifen), an denen du anhalten musst, um Fußgängern das Überqueren der Straße zu ermöglichen. Auf dem Fußgängerüberweg sowie fünf Meter davor ist das Halten verboten.

3.3.2 Autobahnen und Kraftfahrstraßen

Autobahnen und Kraftfahrstraßen sind für höhere Geschwindigkeiten ausgelegt. Beim Auffahren auf solche Straßen benutzt du den Einfädelungsstreifen, um auf die gleiche Geschwindigkeit wie der fließende Verkehr zu kommen.

Wenn du auf die Autobahn fährst, gibt es ein paar wichtige Regeln, die du beachten solltest, um dich sicher in den Autobahnverkehr einzufädeln. Fahre zuerst im dritten Gang in die Kurve. Sobald die Kurve endet, beginne zu beschleunigen. Schau dann in deine Spiegel und führe einen Schulterblick aus, während du links blinkst.

Nun kommt der Einfädelungsstreifen ins Spiel. Fahre so weit wie möglich auf dem Einfädelungsstreifen, um genügend Raum und Zeit zu haben, dich sicher in den fließenden Verkehr einzuordnen. Vergiss dabei nicht, frühzeitig nach links zu blinken, um deine Absicht zu signalisieren.

Es ist wichtig zu beachten, dass der fließende Verkehr auf der Autobahn Vorfahrt hat. Du musst also warten, bis du dich ohne Gefahr einfädeln kannst. Das bedeutet, du musst auf eine ausreichend große Lücke im Verkehr warten, um niemanden auszubremsen.

Beim Spurwechsel ist der Spiegel-Schulterblick entscheidend. Schau zuerst in den Innenspiegel, dann in den linken Außenspiegel und führe danach den Schulterblick aus. Nur so kannst du sicherstellen, dass kein Fahrzeug im toten Winkel ist.

Sobald du dich erfolgreich eingefädelt hast, schalte deinen Blinker aus, falls er nicht von selbst zurückspringt. Es ist entscheidend, dass du immer aufmerksam und rücksichtsvoll gegenüber anderen Verkehrsteilnehmern bist. Vergiss nicht, dass du dich an die Geschwindigkeit des Verkehrs auf der Autobahn anpassen musst, um dich nahtlos in den fließenden Verkehr einzugliedern. Wenden, Rückwärtsfahren sowie Halten und Parken sind verboten.

Zum Video

Wegweiser auf Autobahnen sind große Schilder entlang der Straße, die Ziele, Städte oder Autobahnanschlüsse anzeigen. Sie informieren über die Richtung, Entfernung und manchmal über Verkehrsbedingungen wie Baustellen oder Staus. Die Anzahl der Pfeile gibt dir die Anzahl der Spuren an, damit du dich rechtzeitig einordnen kannst.

Die **Mindestgeschwindigkeit** darf nicht unterschritten werden, es sei denn, besondere Umstände rechtfertigen das. Für die einzelnen Fahrstreifen können verschiedene Mindestgeschwindigkeiten gelten.

Beim **Überholen** gibt es einiges zu beachten, um die Sicherheit auf der Straße zu gewährleisten. Es ist wichtig, dass du dich immer zuerst fragst: Kann ich, will ich, darf ich überholen? Nur wenn alle drei Fragen mit Ja beantwortet werden können, solltest du tatsächlich überholen. Achte dabei immer auf genügend Seitenabstand zum vorausfahrenden Fahrzeug und behalte den rückwärtigen Verkehr im Blick. Bevor du einen Überholvorgang startest, ist der sogenannte Spiegel-Schulterblick unerlässlich, um sicherzustellen, dass der Überholweg frei ist. So vermeidest du gefährliche Situationen und trägst zur allgemeinen Verkehrssicherheit bei.

Das Verkehrszeichen „Überholverbot" wird verwendet, um anzuzeigen, dass das Überholen für Fahrzeuge aller Art verboten ist. Dieses Zeichen wird an Abschnitten von Straßen platziert, an denen das Überholen aus bestimmten Gründen gefährlich oder unzulässig ist, z. B. bei unübersichtlichen Kurven, auf engen Straßen oder in Baustellenbereichen.

Das Verkehrszeichen „Überholverbot aufgehoben" (Zeichen Nr. 277) zeigt an, dass zuvor geltende Überholverbote nicht mehr gelten.

Stau und Panne: Im Falle eines Staus ist es wichtig, eine Rettungsgasse zu bilden, damit Rettungsfahrzeuge durchkommen. Bei einer Panne oder einem Unfall solltest du die Warnblinkanlage einschalten, das Fahrzeug sicher abstellen und die Unfallstelle absichern. Rufe gegebenenfalls den Pannen- oder Rettungsdienst.

Das korrekte Verlassen der Autobahn ist ein wichtiger Aspekt des sicheren Fahrens und folgt bestimmten Regeln und Verfahren, die wir hier zusammenfassen:

Beginnen wir mit dem Signalisieren deiner Absicht, die Autobahn zu verlassen. Sobald du die dreistreifige Entfernungsbake siehst, die als Hinweis dient, dass die Ausfahrt in 300 Metern liegt (jeder Strich steht für 100 Meter), setzt du den Blinker, um deine Absicht zu signalisieren, die Autobahn zu verlassen.

Bevor du den Fahrstreifen nach rechts wechselst, ist es unerlässlich, dass du den Spiegel- und Schulterblick anwendest. Dies stellt sicher, dass du jede potenzielle Gefahr im toten Winkel wahrnimmst und so eine sichere Fahrsituation gewährleistet ist.

Sobald du auf dem Ausfahrtsstreifen bist, reduzierst du deine Geschwindigkeit angemessen. In der Regel solltest du beim Durchfahren der Ausfahrtskurve eine Geschwindigkeit von etwa 50 km/h im dritten Gang einhalten. Dies gewährleistet eine sichere Geschwindigkeit und Kontrolle über dein Fahrzeug, während du die Autobahn verlässt.

Zum Video

3.3.3 Verkehrszeichen

In der Straßenverkehrsordnung (StVO) gibt es verschiedene Kategorien von Verkehrszeichen, die wichtige Informationen für die Verkehrsteilnehmer bereitstellen. Diese Zeichen sind in drei Hauptgruppen unterteilt: Gefahrenzeichen, Richtzeichen und Vorschriftszeichen. Es ist wichtig, die Bedeutung und Unterschiede dieser Zeichen zu kennen. Die nachfolgenden Schilder solltest du unbedingt kennen und verstehen, sonst könntest du bei der praktischen Prüfung durchfallen.

Es gibt sehr viele Verkehrszeichen, aber in diesem Kapitel fokussieren wir uns auf die wichtigsten, also auf die, welche du für deine Prüfung unbedingt kennen musst. Diese Verkehrszeichen sind häufig in der Theorieprüfung vertreten und spielen auch während der praktischen Prüfung eine entscheidende Rolle. Mach dich also mit ihnen vertraut, um auf alle möglichen Situationen im Straßenverkehr vorbereitet zu sein.

Gefahrenzeichen (allgemein): Diese Zeichen warnen vor möglichen Gefahren auf der Straße wie scharfen Kurven, Engstellen oder unübersichtlichen Kreuzungen. Gefahrenzeichen sind in der Regel dreieckig mit rotem Rand und weißem Hintergrund.

Richtzeichen: Richtzeichen geben Informationen über die Fahrtrichtung, Straßenverlauf, Entfernungen und Zielorte. Sie sind in der Regel rechteckig oder quadratisch und haben meistens einen blauen, grünen oder gelben Hintergrund. Beispiele für Richtzeichen sind Autobahnschilder, Wegweiser für Ortschaften oder Schilder, die auf Sehenswürdigkeiten oder Raststätten hinweisen.

Ein besonders wichtiges Richtzeichen ist das Schild, das anzeigt, dass du dich außerhalb von Ortschaften befindest. Sobald du dieses Schild siehst, fährst du außerorts. Die zulässige Höchstgeschwindigkeit beträgt nun 100 km/h, sofern nicht anders angegeben. Es ist wichtig, diese Geschwindigkeitsbegrenzung zu beachten, um die Sicherheit auf der Straße zu gewährleisten und Verkehrsstrafen zu vermeiden.

Zum Video

Vorschriftszeichen legen bestimmte Regeln für das Verhalten im Straßenverkehr fest. Vorschriftszeichen können in **Gebots- und Verbotszeichen** unterteilt werden.

Gebotszeichen schreiben bestimmte Verhaltensweisen vor, die eingehalten werden müssen, etwa die Richtung.

Zum Video

Verbotszeichen sind rund, haben einen roten Rand und weißen Hintergrund. Sie verbieten bestimmte Verhaltensweisen und können mit Zusatzschildern versehen sein, wie im nächsten Beispiel. Einfahren für Kraftfahrzeuge aller Art wäre hier verboten, außer man ist Anlieger.

Zum Video

Ein genauerer Blick auf die Gefahrenzeichen

Gefahrenzeichen: Wenn du im Straßenverkehr ein Gefahrenschild siehst, ist es wichtig, angemessen zu reagieren und sich entsprechend zu verhalten. Gefahrenschilder haben die Aufgabe, Verkehrsteilnehmer auf mögliche Gefahrensituationen und besondere Verhältnisse auf der Straße hinzuweisen.

Hier sind einige Tipps, wie du dich verhalten solltest, wenn du auf ein Gefahrenschild triffst:

- **Aufmerksamkeit erhöhen:** Sobald du ein Gefahrenschild siehst, solltest du deine Aufmerksamkeit erhöhen und dich auf die bevorstehende Situation vorbereiten. Achte auf die Straßenverhältnisse und das Verhalten der anderen Verkehrsteilnehmer.

- **Geschwindigkeit anpassen:** Abhängig von der Art des Gefahrenschilds und der spezifischen Situation solltest du deine Geschwindigkeit anpassen. Fahre langsamer, um genügend Zeit und Raum zu haben, angemessen auf die Gefahr zu reagieren.

- **Vorausschauend fahren:** Versuche, die Situation so früh wie möglich zu erkennen und auf sie zu reagieren. Achte auf mögliche Hindernisse oder Veränderungen in der Verkehrsführung und sei bereit, dein Fahrverhalten anzupassen.

- **Rücksicht nehmen:** Bei einigen Gefahrenschildern wie solchen, die auf Kinder oder Tiere hinweisen, ist es besonders wichtig, Rücksicht auf schwächere Verkehrsteilnehmer zu nehmen. Sei geduldig und gib ihnen genügend Raum und Zeit, um die Straße sicher zu überqueren oder die Situation zu bewältigen.

- **Abstand halten:** Unabhängig davon, ob du inner- oder außerorts unterwegs bist, ist das Einhalten eines sicheren Abstands entscheidend. Innerorts ist ein Abstand von etwa 15 Metern oder drei Fahrzeuglängen ideal, um genug Raum für unerwartete Situationen zu haben. Außerorts hingegen orientierst du dich an der Zwei-Sekunden-Regel oder hältst den halben Tachowert als Abstand in Metern. Bei 100 km/h sollte dein Abstand beispielsweise mindestens 50 Meter betragen – das entspricht der Entfernung zwischen zwei Leitpfosten. Achte besonders bei schlechtem Wetter darauf, deinen Abstand zu verdoppeln.

- **Kommunikation:** Die Verständigung mit anderen Verkehrsteilnehmern ist ein ganz entscheidender Punkt für die Sicherheit von uns allen. Verwende beispielsweise Handzeichen und deine Fahrzeugsignale effektiv, um deine Absichten klarzumachen. Insbesondere das Bremsen ist ein starkes Signal: Wenn der Fahrer hinter dir deine Bremslichter sieht, weiß er, dass er seine Geschwindigkeit reduzieren sollte.

  Auch das Warnblinklicht ist ein wichtiges Kommunikationstool, das in bestimmten Situationen genutzt werden sollte: wenn dein Fahrzeug liegengeblieben ist und nicht rechtzeitig als stehendes Hindernis erkannt werden könnte, wenn du ein Fahrzeug abschleppst, oder wenn du andere Verkehrsteilnehmer vor potenziellen Gefahren warnen möchtest, wie zum Beispiel am Ende eines Staus.

Nutze zusätzlich deine Blinker, um deine Absichten deutlich zu machen, besonders wenn sich die Verkehrsführung aufgrund eines Gefahrenzeichens ändert oder eine Anpassung deiner Fahrweise erforderlich ist. Die klare Kommunikation deiner Absichten hilft dabei, Missverständnisse und potenzielle Gefahren zu vermeiden.

Die wichtigsten Gefahrenzeichen

Gefahrstelle: Es folgt eine gefährliche Stelle, durch ein Zusatzzeichen wird diese näher beschrieben, dann wird auf eine Baustelle, **scharfe** Kurve oder eine schlechte Sicht hingewiesen. Reduziere deine Geschwindigkeit, sei aufmerksam und halte Abstand.

Bahnübergang in der nach rechts führenden Straße: Das Verkehrszeichen weist auf einen unbeschrankten Bahnübergang hin. Das Zusatzzeichen »In Richtung der Gefahrenstelle, rechtsweisend« zeigt, dass der Bahnübergang sich in der nach rechts führenden Straße befindet. Reduziere die Geschwindigkeit und schaue mehrmals nach rechts und links, um zu erkennen, ob ein Zug kommt.

Steigung: Du musst in einen niedrigeren Gang schalten, um deine Geschwindigkeit im Steigungsbereich beizubehalten.

Arbeitsstelle in der Nähe: Umgangssprachlich auch »Baustellenschild« genannt, allerdings können auch andere Arbeiten durchgeführt werden. Man sollte die Geschwindigkeit reduzieren, Abstand halten und aufmerksam sein. Arbeitsgeräte könnten auf die Fahrbahn geraten oder ein unachtsamer Arbeiter.

Fußgänger: Rechne mit Fußgängern auf der Fahrbahn, sei besonders vorsichtig und reduziere die Geschwindigkeit. Achte auf Zebrastreifen und Fußgängerampeln. Dieses Schild gibt es genauso mit Kindern oder Fahrradfahrern. Für alle gilt dasselbe.

Kurve (rechts): Gefährliche Kurve in unmittelbarer Nähe, in diesem Fall eine Rechtskurve. Reduziere deine Geschwindigkeit und fahre möglichst weit rechts.

Verengte Fahrbahn: Reduziere deine Geschwindigkeit, lass (wenn möglich) den Gegenverkehr erst aus der Engstelle herausfahren. Vorrang hat derjenige, der sich als Erster in der Engstelle befindet.

Einseitig (rechts) verengte Fahrbahn: Derjenige, der die Fahrbahnverengung auf seiner Seite hat, muss Vorfahrt gewähren. In diesem Fall müssen wir also die Vorfahrt gewähren und den Gegenverkehr durchlassen.

Gegenverkehr: Dieses Verkehrszeichen weist dich darauf hin, dass du eine Strecke befährst, auf der Fahrzeuge aus der entgegengesetzten Richtung kommen können. Es ist oft am Ende von Autobahnen oder Einbahnstraßen zu finden. Bei Nacht ist hier mit möglicher Blendung durch entgegenkommende Fahrzeuge zu rechnen. Außerdem kann es zu Fahrbahnverengungen kommen. Sei daher besonders aufmerksam und fahre vorsichtig!

Doppelkurve: Das Schild warnt dich vor einer Kurve, die zunächst in eine Richtung führt und dann scharf in die entgegengesetzte Richtung abbiegt. Das heißt, wenn du zuerst ein Schild siehst, auf dem die Kurve nach links abbiegt, bedeutet das, dass die Straße zuerst nach links und dann nach rechts verläuft. Dieses Schild soll dich dazu veranlassen, deine Geschwindigkeit zu reduzieren und vorsichtig zu fahren, um die Kontrolle über dein Fahrzeug nicht zu verlieren. Sei besonders wachsam, da solche Kurven häufig Übersichtsprobleme verursachen und die Fahrbahn möglicherweise schmaler wird.

Unebene Fahrbahn: Dieses Verkehrszeichen warnt dich vor möglichen Fahrbahnunebenheiten wie Querrillen, Bodenwellen oder Schlaglöchern. Du solltest deine Geschwindigkeit anpassen, um sicher zu fahren. Versuche möglichst, Schlaglöcher zu vermeiden, um Schäden am Fahrzeug zu verhindern.

Schleuder- oder Rutschgefahr: Vermeide starkes Lenken, scharfes Bremsen oder beschleunigen. Bei Nässe besteht besondere Gefahr.

Seitenwind (links): Das Fahrverhalten deines Fahrzeugs kann durch Wind negativ beeinflusst sein. Halte das Lenkrad fest und fahre mit reduzierter Geschwindigkeit, um das Risiko von Unfällen zu minimieren. Vermeide Überholmanöver und halte einen größeren Abstand zu anderen Fahrzeugen.

Schnee- oder Eisglätte: Die Straße kann rutschig oder glatt sein. Fahre mit reduzierter Geschwindigkeit und halte einen größeren Abstand zu anderen Fahrzeugen. Vermeide plötzliche Lenk- oder Bremsmanöver und fahre möglichst geradeaus.

Wildwechsel: Dieses Verkehrszeichen warnt dich vor Stellen, an denen häufig Wildtiere die Fahrbahn kreuzen können. Gerade in der Dämmerung und bei Nacht solltest du hier besonders vorsichtig und aufmerksam fahren. Wenn tatsächlich Wild auf der Straße auftaucht, vermeide abrupte Lenkbewegungen oder Ausweichmanöver, da diese oft zu schwereren Unfällen führen können. Stattdessen halte das Lenkrad fest und gerade. Bremsen ist erlaubt, aber das Wichtigste ist, die Kontrolle über das Fahrzeug zu behalten.

Die wichtigsten Vorschriftszeichen

Vorfahrt gewähren: An der folgenden Kreuzung oder Einmündung hat der Querverkehr Vorfahrt. Fahr deshalb langsam und vorsichtig an die Kreuzung heran. Beachte, dass Du den Querverkehr nicht nur von links und rechts, sondern auch von schräg gegenüber erwartest. Dem Schild kann ein Zusatzzeichen folgen, welches auf ein Fahrrad oder eine Straßenbahn hinweist. Dann musst du diesen Verkehrsteilnehmern auch Vorfahrt gewähren. Bis zu zehn Meter vor dem Schild gilt Halteverbot, wenn du das Schild sonst verdecken würdest.

Halt. Vorfahrt gewähren: Solltest du auf ein Stoppschild stoßen, musst du das Fahrzeug sofort vollständig zum Stillstand bringen. Achte darauf, hinter der markierten Haltlinie anzuhalten. Sollte keine solche Linie existieren, orientiere dich an der sogenannten Sichtlinie – das ist eine imaginäre Linie, an der du einen klaren Blick auf den Querverkehr hast.

Unabhängig davon, ob andere Fahrzeuge in Sicht sind oder nicht, ist ein vollständiges Anhalten vorgeschrieben. Beachte dabei, dass ein Halteverbot bis zu zehn Meter vor dem Stoppschild gilt, um zu verhindern, dass du die Sicht auf das Schild versperrst. Nachdem du sichergestellt hast, dass die Kreuzung oder Einmündung frei ist, darfst du deine Fahrt fortsetzen.

Vorrang des Gegenverkehrs: Wenn du das Schild »Vorrang des Gegenverkehrs« siehst, bedeutet das, dass Du dem Verkehr auf der anderen Straßenseite Vorfahrt gewähren musst. Halte an und warte, bis der Verkehr passiert hat, bevor Du weiterfährst.

Andreaskreuz: Die Ankündigung eines Bahnübergangs durch das Andreaskreuz signalisiert, dass der Schienenverkehr Vorrang hat. Das Andreaskreuz kann sowohl aufrecht als auch liegend montiert sein. Wenn du so ein Schild siehst, musst du langsamer werden und besonders aufmerksam in beide Richtungen zu blicken. Nur wenn kein Zug in Sicht ist, solltest du den Bahnübergang passieren.

Die Warnbaken, die sich im Vorfeld des Bahnübergangs befinden, dienen als Abstandsmarkierungen: Jeder Querstreifen steht für eine Entfernung von 80 Metern zum Bahnübergang. Beachte dabei: Das Überholen von Kraftfahrzeugen ist in der Nähe des Andreaskreuzes verboten. Zudem gelten innerorts Parkverbote von fünf Metern und außerorts von 50 Metern im Umkreis des Andreaskreuzes, um den ungehinderten Verkehrsfluss sicherzustellen.

Vorschriftszeichen, welche die Fahrtrichtung regulieren

Bei diesen Schildern darfst du nur in die angezeigte Pfeilrichtung fahren und musst blinken. Es ist verboten, in eine andere Richtung abzubiegen.

Geradeaus oder rechts: Du darfst nach dem Schild nur in die angezeigte Richtung fahren.

Rechts oder links: Du darfst nach dem Schild nur nach rechts oder links fahren und musst blinken.

Hier rechts: Du biegst vor dem Schild rechts ab. Blinke und achte auf den Verkehr hinter dir.

Einbahnstraße: Wenn Du ein Schild mit der Aufschrift »Einbahnstraße« siehst, bedeutet das, dass der Verkehr nur in eine Richtung fließt. Du darfst nicht wenden oder rückwärtsfahren.

Kreisverkehr: Du darfst nur nach rechts in den Kreisverkehr einfahren, du musst nicht blinken. Erst beim Verlassen des Kreisverkehrs blinkst du. Es besteht Halteverbot im Kreisverkehr.

Links vorbei: Du musst links an einem Hindernis vorbei. Es könnte vor einer Baustelle stehen, du musst blinken.

Verkehrsverbote

Für bestimmte Verkehrsteilnehmer kann die Durchfahrt an gewissen Stellen verboten sein. Wenn Autos, Fahrräder, Fußgänger, Mofas oder Krafträder nicht zugelassen sind, werden diese deutlich abgebildet. Wir schauen uns die relevantesten Verbotsschilder an.

Verbot für Fahrzeuge aller Art: Es dürfen keine Fahrzeuge einfahren. Fahrräder und Krafträder dürfen geschoben werden.

Verbot für Kraftfahrzeuge: Es dürfen keine Krafträder, Mofas oder Kraftwagen einfahren.

Tatsächliches Gewicht: Ein solches Schild bedeutet, dass ein Fahrzeug über 5,5 Tonnen inklusive der Ladung nicht einfahren darf. Dies ist eine rechtliche Begrenzung, um die Sicherheit auf der Straße zu gewährleisten und Schäden an der Infrastruktur zu vermeiden.

Verbot der Einfahrt: Du darfst nicht einfahren, Fahrzeuge können aber aus der Straße herauskommen.

Wendeverbot: Wenden ist verboten, auch wenn es theoretisch möglich wäre.

Umweltzone: Das Befahren ist verboten, außer es wird durch das untere Zusatzschild freigegeben. Dann dürfen Fahrzeuge mit der entsprechenden Plakette einfahren.

MERKE: Rund und rot = »Durchfahrtverbot«

Streckenverbote

Diese Schilder legen Geschwindigkeitsbegrenzungen und Überholverbote fest. Das Ende eines Streckenverbots wird immer mit einem diagonalen Streifen durch das Verkehrszeichen gekennzeichnet.

Viele Verkehrszeichen können mit einem Zusatzschild versehen sein. Hier zählt das Verbotsschild nur bei nasser Fahrbahn.

Vorgeschriebene Mindestgeschwindigkeit: Hier muss mindestens die Geschwindigkeit gefahren werden, die auf dem Schild steht. Das Fahrzeug muss in der Lage sein, die angegebene Mindestgeschwindigkeit zu erreichen. Dies gilt natürlich nicht, wenn beispielsweise die Witterung oder die Verkehrsverhältnisse eine niedrigere Geschwindigkeit erforderlich machen.

Überholverbot von Kraftfahrzeugen aller Art: Das Gebotsbeziehungsweise Verbotszeichen 276 verbietet es Kraftfahrzeugen, mehrspurige Kraftfahrzeuge und Motorräder mit Beiwagen zu überholen.

Überholverbot, das für drei Kilometer gilt: Sobald dieses Verkehrszeichen erscheint, gilt das Überholverbot für drei km.

Überholverbot für Kraftfahrzeuge über 3,5t: Dieses Überholverbot gilt nur für Kfz mit einer zulässigen Gesamtmasse über 3,5t.

Überholverbot aufgehoben: Das Überholverbot ist beendet.

Aufhebung aller Geschwindigkeitsbeschränkungen und Überholverbote: Alle vorher geltenden Streckenverbote werden durch dieses Schild aufgehoben.

Halt- und Parkverbote

Die Schilder gelten auf der Straßenseite, auf der sie aufgestellt sind. Sie gelten bis zur nächsten Kreuzung oder Einmündung.

Absolutes Halteverbot: Das Halten auf der Fahrbahn ist verboten.

Eingeschränktes Halteverbot: Maximal drei Minuten zum Ein- oder Aussteigen oder Be- oder Entladen des Fahrzeugs.

Zusatzzeichen: Es können bestimmte Personengruppen von dem Verbot ausgeschlossen sein, zum Beispiel Bewohner mit Parkausweis oder Schwerbehinderte mit Parkausweis. Das Halteverbot kann auch auf bestimmte Tage oder Stunden beschränkt sein, außerhalb der Zeiten ist das Verbot aufgehoben.

Eingeschränktes Halteverbot für eine Zone: Das Verbot gilt für die gesamte Zone, bis es wieder durch ein durchgestrichenes Schild aufgehoben wird. Es gilt wieder die Drei-Minuten-Regelung, zum Ein- oder Aussteigen und Be- und Entladen des Fahrzeugs.

Vorrangzeichen

Vorfahrt: Wenn du dieses Verkehrszeichen siehst, hast du an der nächsten Kreuzung oder Einmündung Vorfahrt vor dem Querverkehr.

Vorfahrtsstraße: Das Schild zeigt an, dass du dich auf einer Vorfahrtsstraße befindest, auf der du Vorfahrt gegenüber allen Verkehrsteilnehmern hast, die von einer Seite in die Straße einbiegen oder sie kreuzen. Andere Verkehrsteilnehmer müssen warten und dir Vorfahrt gewähren.

An abknickenden Vorfahrtsstraßen symbolisiert ein Zusatzschild die Richtung der Vorfahrtsstraße. Möchtest du dem Verlauf einer Vorfahrtsstraße folgen, musst du den Blinker setzen. Möchtest du also dem Verlauf einer Vorfahrtsstraße nach links folgen, musst du links blinken. Verlässt du die Vorfahrtsstraße geradeaus, brauchst du keinen Blinker zu setzen, denn die natürliche Fahrtrichtung ändert sich nicht.

Ist das Schild durchgestrichen, ist die Vorfahrtsstraße beendet.

Vorrang vor dem Gegenverkehr: Bei diesem Verkehrszeichen hast du an Engstellen Vorrang vor deinem Gegenverkehr.

3.4 Vorfahrtsregeln und Verkehrsregelungen

In diesem Kapitel werden wir uns mit den grundlegenden Vorfahrtsregeln und Verkehrsregelungen im Straßenverkehr befassen. Als Fahranfänger solltest du diese Regeln genau kennen und stets befolgen. Die folgenden Vorfahrtsregeln und Verkehrsregelungen sind wichtig für die theoretische und praktische Prüfung. Fehler in diesem Bereich können schnell dazu führen, dass du die Prüfung nicht bestehst.

Zur besseren Veranschaulichung haben wir einen QR-Code eingefügt, der dich zu einem Video führt, das die vorfahrtsregelnden Verkehrszeichen noch einmal kurz und prägnant erklärt.

Zum Video

1. **Rechts vor links:**

An Kreuzungen ohne vorfahrtsregelnde Verkehrszeichen gilt grundsätzlich die Regel »rechts vor links«. Gib Fahrzeugen von rechts Vorfahrt, sofern keine andere Regelung besteht. Der blaue Pkw muss also warten und dem roten Pkw die Vorfahrt gewähren.

MERKE: Rechts vor links gilt nicht für Fahrzeuge, die aus einem Feld- oder Waldweg kommen. Ebenfalls gilt diese Regel nicht für Fahrzeuge, die aus einem verkehrsberuhigten Bereich, einer Grundstückseinfahrt oder über einen abgesenkten Bordstein in eine Straße einfahren.

Zum Video

2. Vorfahrtstraße:

Beachte das Verkehrszeichen »Vorfahrtstraße«. Fahrzeuge auf dieser Straße haben Vorfahrt gegenüber Fahrzeugen, die aus untergeordneten Straßen kommen. Das rote Auto hat hier also Vorfahrt. Achte weiterhin auf die Beschilderung, um das Beenden der Vorfahrtsstraße frühzeitig zu erkennen.

3. Vorfahrt:

Dieses Vorfahrtszeichen gewährt dir einmalig Vorfahrt, also nur an der Kreuzung, an der das Verkehrszeichen platziert ist. Der gelbe und rote Pkw haben somit Vorfahrt.

4. Vorfahrt gewähren:

Wenn du ein Vorfahrt-gewähren-Schild siehst, musst du anderen Verkehrsteilnehmern Vorfahrt einräumen. Der blaue und grüne Pkw müssen also warten.

5. Kreuzung oder Einmündung mit Vorfahrt von rechts:

Dieses Schild weist dich darauf hin, dass an der nächsten Kreuzung von rechts kommende Fahrzeuge Vorfahrt haben. Meistens wird das Zeichen vor besonders schwer einzusehenden Kreuzungen oder Einmündungen angebracht, deshalb gilt hier besondere Vorsicht. Das gelbe und rote Fahrzeug müssen hier Vorfahrt gewähren.

6. Halt. Vorfahrt gewähren:

An einem Stoppschild musst du vollständig anhalten, auch wenn keine anderen Verkehrsteilnehmer in Sichtweite sind. Halte an der Haltlinie und bleibe für mindestens drei Sekunden stehen.

7. Verkehrsregelung durch die Polizei:

Wenn ein Polizist den Verkehr regelt, verlieren alle Verkehrszeichen und Lichtzeichenanlagen (zu denen Ampeln gehören) ihre Bedeutung. Die Anweisungen des Polizisten sind zu befolgen. Wenn der Polizist mit der Brust oder dem Rücken mit ausgestreckten Armen vor uns steht, müssen wir stehen bleiben. Der gelbe und rote Pkw dürfen fahren. Der Querverkehr, also der grüne und blaue Pkw bleiben stehen, bis der Polizist seine Anweisungen ändert.

MERKE: Siehst du Brust oder Rücken, musst du auf die Bremse drücken. Siehst du des Polizisten Hosennaht, hast du wieder freie Fahrt.

8. Baustellen und Fahrbahnmarkierungen:

Baustellen können die Fahrbahnverhältnisse drastisch verändern. Sei daher besonders aufmerksam und befolge die Hinweisschilder. Der Straßenverlauf kann sich durch Baustellen ändern, und es kann zu Engstellen kommen. Reduziere deine Geschwindigkeit und achte auf die Sicherheit der Bauarbeiter. Das blaue Verkehrszeichen mit dem weißen Pfeil schreibt uns vor, dass wir an dem Hindernis links vorbeifahren müssen.

9. Umweltzonen:

Viele Städte haben Umweltzonen eingeführt, um die Luftqualität zu verbessern. Um diese Zonen befahren zu dürfen, muss dein Fahrzeug in der Regel eine bestimmte Schadstoffnorm erfüllen. Dies wird über die Farbe der Umweltplakette auf deiner Windschutzscheibe angezeigt. Keine Plakette oder die falsche Farbe kann zu einem Bußgeld führen.

10. Omnibus, Schulbus:

Wenn ein Schulbus mit Warnblinklichtern am Straßenrand hält, darfst du nur mit Schrittgeschwindigkeit daran vorbeifahren. Dies gilt auch für den Gegenverkehr. Das bedeutet: nicht schneller als sieben km/h fahren! Während der Bus mit eingeschaltetem Warnblinklicht an die Haltestelle fährt, ist das Überholen ausdrücklich verboten. Pass auf die Kinder auf, die ein- und aussteigen und möglicherweise die Straße überqueren.

ACHTUNG, NICHT VERWECHSELN: Wenn der Bus mit eingeschaltetem Blinker nach rechts an der Bushaltestelle steht, darf man mit mäßiger Geschwindigkeit daran vorbeifahren. Sei besonders aufmerksam auf ein- und aussteigende Passagiere, die eventuell die Straße überqueren könnten.

11. Fußgängerüberwege (Zebrastreifen):

Sei bei Zebrastreifen besonders aufmerksam: Fußgänger und Radfahrer, die den Überweg nutzen möchten, haben stets Vorrang. Darüber hinaus ist das Überholen in der Nähe von Fußgängerüberwegen strikt untersagt. Behalte auch Personen in der Nähe des Zebrastreifens im Blick, die womöglich die Absicht haben, die Fahrbahn zu überqueren. Sei daher stets bremsbereit und reduziere deine Geschwindigkeit.

ACHTUNG: Wenn du in der praktischen Prüfung einen Fußgänger am Zebrastreifen nicht überqueren lässt, führt das zum sofortigen Nichtbestehen.

12. Unbeschrankter Bahnübergang:

Hier weist uns das Gefahrenzeichen darauf hin, dass uns ein unbeschrankter Bahnübergang erwartet. Das Andreaskreuz signalisiert uns, dass Schienenfahrzeuge hier Vorrang haben. Die Baken geben uns die Entfernung an, wie weit der Bahnübergang noch entfernt ist: Jeder Streifen auf den Baken steht für 80 Meter. Wir müssen also frühzeitig unsere Geschwindigkeit anpassen. Beobachte die Gleisanlage mit vielen kurzen Blicken, um ein herannahendes Schienenfahrzeug möglichst frühzeitig zu erkennen. Verlasse dich nicht darauf, dass Warnsysteme wie Lichtzeichen, Schranken oder Pfeifsignale ordnungsgemäß funktionieren.

3.5 Geschwindigkeit, Abstand und umweltbewusstes Fahren

In diesem Kapitel wollen wir uns mit zwei der wichtigsten Aspekte beim Fahren beschäftigen: Geschwindigkeit und Abstand. Beide spielen eine entscheidende Rolle für unsere Sicherheit auf der Straße.

3.5.1 Geschwindigkeit

Die Geschwindigkeit ist nichts anderes als die Distanz, die wir in einer bestimmten Zeit zurücklegen. Im Straßenverkehr misst man sie normalerweise in Kilometern pro Stunde (km/h). Während wir im Auto mit Geschwindigkeiten von bis zu 50 km/h in der Stadt und sogar bis zu 130 km/h auf der Autobahn unterwegs sind, bewegen sich Fußgänger durchschnittlich mit etwa 5 km/h und Radfahrer mit etwa 20 km/h.

3.5.2 Anhalteweg, Reaktionsweg und Bremsweg

Beim Fahren sind wir oft schneller unterwegs, als unsere Reaktionszeit es erlaubt. Der Anhalteweg ist die Strecke, die wir zurücklegen, bis das Auto nach dem Erkennen einer Gefahr zum Stillstand kommt. Er setzt sich aus dem Reaktionsweg und dem Bremsweg zusammen.

Reaktionsweg

Der Reaktionsweg ist die Strecke, die wir in der Zeit zurücklegen, die wir benötigen, um auf eine Gefahr zu reagieren und auf das Bremspedal zu treten. Bei einer durchschnittlichen Reaktionszeit von etwa einer Sekunde legen wir bei einer Geschwindigkeit von 50 km/h etwa 15 Meter zurück.

Diesen Weg kannst du mit folgender Faustformel berechnen:

Reaktionsweg in Metern = (Geschwindigkeit : 10) x 3

Beispiel: (50 km/h : 10) x 3 = 5 m x 3 = 15 m

Das heißt; Bei einer Geschwindigkeit von 50 km/h fährst du noch 15 Meter weiter, bis du zu bremsen beginnst.

PRÜFUNGSFRAGE

Nach welcher Faustformel kann man aus der Geschwindigkeit den Weg in Metern ermitteln, den ein Fahrzeug in einer Sekunde zurücklegt?

Korrekt: (Geschwindigkeit in km/h : 10 x 3)

Bremsweg

Der Bremsweg ist der zweite Teil des Anhaltewegs. Er ist die Strecke, die das Auto nach Betätigen der Bremse bis zum Stillstand zurücklegt. Er hängt von der Geschwindigkeit, Bremsleistung und der Haftung der Reifen auf der Fahrbahn ab. Deshalb ist es wichtig, die Profiltiefe regelmäßig zu kontrollieren. Die Mindestprofiltiefe beträgt 1,6 Millimeter.

Einige Faktoren können den Bremsweg verlängern, zum Beispiel schlechte Witterungsverhältnisse, ein ungebremster Anhänger oder ein Gefälle.

Bremsweg in Metern = (Geschwindigkeit : 10) x (Geschwindigkeit : 10)

Beispiel: (50 km/h : 10) x (50 km/h : 10) = 25 m

PRÜFUNGSFRAGE

Nach welcher Faustformel kann man aus der Geschwindigkeit den Bremsweg in Metern bei einer normalen Bremsung berechnen?

Korrekt: (Geschwindigkeit in km/h : 10) x (Geschwindigkeit in km/h : 10)

Wenn du eine Gefahr bemerkst, solltest du eine Gefahrenbremsung durchführen. Du musst die Kupplung und das Bremspedal ganz durchtreten, dadurch verkürzt sich der Bremsweg. Bei einem Fahrzeug mit Automatikgetriebe musst du nur die Bremse betätigen.

Bremsweg (bei Gefahr) =(Geschwindigkeit : 10) x (Geschwindigkeit : 10) : 2

Beispiel: Bremsweg (bei Gefahr) = (50 km/h : 10) x (50 km/h : 10) : 2 = 12,5 m

Anhalteweg

Der Anhalteweg berechnet sich aus dem Reaktionsweg und dem Bremsweg. Bei unserem Beispiel von 50 km/h hatten wir einen Reaktionsweg von 15 Metern und einen Bremsweg von 25 Metern. Addieren wir beide Werte, kommen wir auf einen Anhalteweg von 40 Metern.

Anhalteweg = Reaktionsweg + Bremsweg

Beispiel: Anhalteweg = 15 m + 25 m = 40 m

PRÜFUNGSFRAGE

Sie fahren 100km/h, haben eine Sekunde Reaktionszeit und führen eine normale Bremsung durch. Wie lang ist der Anhalteweg nach der Faustformel?

Lösung:
Reaktionsweg = (100 km/h : 10) x 3 = 30 m
Bremsweg = (100 km/h : 10) x (100 km/h : 10) = 100 m
Anhalteweg = 30 m + 100 m = 130 m

3.5.3 Angepasste Geschwindigkeit und Abstand

Verschiedene Verhältnisse erfordern eine angepasste Geschwindigkeit. Bei schlechtem Wetter, schlechter Sicht, hohem Verkehrsaufkommen oder in der Nähe von Schulen und Kindergärten solltest du deine Geschwindigkeit reduzieren. Ebenso erfordert das Befahren von Kurven eine angemessene Geschwindigkeit und den richtigen Gang, um die Kontrolle über das Fahrzeug zu behalten.

Abstand

Abstand zu halten ist essenziell, um Unfälle zu vermeiden und die praktische Führerscheinprüfung zu bestehen. Hier einige wesentliche Punkte:

- Seitenabstand zu parkenden Autos: Wenn du an parkenden Autos vorbeifährst, solltest du ein Sicherheitsabstand von etwa einem Meter einhalten. Dies bietet genügend Spielraum, um sowohl Schäden durch plötzlich öffnende Türen als auch durch ungewollten Kontakt mit Fahrzeugen oder Seitenspiegeln zu vermeiden.
- Abstand zum Vordermann: Der Sicherheitsabstand zum vorausfahrenden Fahrzeug sollte in der Stadt etwa drei Fahrzeuglängen oder 15 Meter betragen. Auf Landstraßen und Autobahnen ist die Regel »halber Tacho« hilfreich. Demnach sollten wir bei einer Geschwindigkeit von beispielsweise 100 km/h einen Abstand von 50 Metern einhalten. Als praktische Orientierungshilfe dienen

die Leitpfosten, die in der Regel 50 Meter voneinander entfernt stehen.

- Seitenabstand zu Radfahrern: Das Überholen von Radfahrern erfordert besondere Aufmerksamkeit.

ACHTUNG: Hier fallen leider sehr viele Fahrschüler in der praktischen Führerscheinprüfung durch. Innerhalb geschlossener Ortschaften sollte der Seitenabstand mindestens 1,5 Meter betragen, außerhalb sogar zwei Meter. Dies gibt Radfahrern ausreichend Platz und berücksichtigt mögliche Ausweichbewegungen.

3.5.4 Umweltbewusstes Fahren

In den letzten Jahren ist das umweltbewusste Fahren immer wichtiger geworden. Deswegen achten die Prüfer immer mehr darauf. Dazu gehören konstante Geschwindigkeiten, der Verzicht auf unnötige Beschleunigungen und Bremsmanöver, das Abstellen des Motors bei längeren Wartezeiten und das Bilden von Fahrgemeinschaften, wenn es sich anbietet. Bei kaltem Motor sollte man zunächst nur im niedrigen Drehzahlbereich fahren, um Treibstoff zu sparen und den Motor zu schonen. Ein frühzeitiges Hochschalten und spätes Runterschalten sind dabei wichtig. Du solltest die Gänge nur in bestimmten Situationen voll auslasten – wie beim Beschleunigen auf einer Einfädelungsspur oder beim Befahren von Steigungen. Generell führt ein Fahrstil mit niedrigen Drehzahlen und einer vorausschauenden Fahrweise zu einer Kraftstoffersparnis und weniger Verschleiß am Motor.

TIPP FÜR DIE PRAKTISCHE FÜHRERSCHEINPRÜFUNG: Bei längeren Wartezeiten, etwa in einem Stau oder an einem Bahnübergang, sollte der Motor abgestellt werden. Dies reduziert nicht nur die Schadstoffemissionen deines Fahrzeugs, sondern hinterlässt auch einen positiven Eindruck bei dem Prüfer.

04

THEORETISCHE PRÜFUNG

Die theoretische Prüfung ist ein wichtiger Meilenstein auf deinem Weg zum Führerschein. Sie besteht aus einem Fragebogen mit 30 Multiple-Choice-Fragen, die aus einem Katalog von rund 1000 Fragen stammen. Jede Frage ist mit einer bestimmten Anzahl von Fehlerpunkten gewichtet, maximal darfst du zehn Fehlerpunkte sammeln, um die Prüfung zu bestehen. Allerdings darfst du nur maximal eine Frage, die fünf Fehlerpunkte zählt, falsch beantworten. Bei zwei Fehlern bei solchen Fragen gilt die Prüfung als nicht bestanden, unabhängig von der Gesamtzahl der Fehlerpunkte. Die Prüfung dauert 45 Minuten und wird in der Regel am Computer durchgeführt. Solltest du durchfallen, hast du die Möglichkeit, die Prüfung nach zwei Wochen zu wiederholen. Wenn du bestehst, musst du innerhalb von zwölf Monaten die praktische Prüfung ablegen.

WICHTIG: Zur theoretischen Prüfung musst du deinen gültigen Personalausweis mitbringen. Eine Kopie oder ein Foto davon genügen nicht. Falls du ihn vergisst, kann die Prüfung nicht stattfinden. Dies betrifft sowohl den theoretischen als auch den praktischen Teil der Prüfung.

4.1 Tipps und Tricks für das Bestehen der Prüfung

Eine gründliche Vorbereitung ist der Schlüssel zum Bestehen der theoretischen Prüfung. Dabei solltest du das vorliegende Buch als wertvolle Ressource nutzen. Versuche, die Logik und die Regeln hinter den Fragen zu verstehen, anstatt nur die Antworten auswendig zu lernen. Lies jede Frage sorgfältig durch und achte auf die genaue Formulierung, denn manchmal hängt die richtige Antwort von einem einzigen Wort ab.

4.2 Häufige Fehler und deren Vermeidung

Ein häufiger Fehler ist die Fehlinterpretation von Fragestellungen. Um diesen zu vermeiden, solltest du jede Frage mehrmals durchlesen. Oft übersehen Fahrschüler kleine

Details. Auch das effektive Zeitmanagement spielt eine wichtige Rolle. Nutze die gesamte zur Verfügung stehende Zeit und beeile dich nicht, die Prüfung zu beenden.

4.3 Prüfungsfragen zum Thema »Vorfahrtsrecht«

Um dein Wissen zu vertiefen und dich optimal auf die Prüfung vorzubereiten, haben wir 30 Prüfungsfragen zum Thema Vorfahrtsrecht ausgewählt. Das Prinzip ist immer das gleiche, nur die Fragestellung oder die Verkehrszeichen ändern sich. Wenn du diese 30 Fragen verstehst und beantworten kannst, bist du gut vorbereitet, um jede andere Frage in der Prüfung zu meistern. Die Lösungen und Erklärungen zu den Übungsaufgaben findest du im Anhang des Buches. Durch das Lösen dieser Aufgaben und das Verstehen der Lösungen wirst du dein Wissen vertiefen und dich optimal auf die Prüfung vorbereiten. Um dir den Stoff verständlich und strukturiert zu präsentieren, haben wir ihn in vier Kategorien unterteilt:

1. **Situationen der Rechts-vor-links-Regelung:** Hierbei handelt es sich um Situationen, in denen keine spezifischen Vorfahrtsregeln durch Verkehrszeichen vorgegeben sind.

2. **Szenarien, in denen Verkehrszeichen die Vorfahrt bestimmen:** In diesen Fällen geben spezielle Verkehrszeichen Auskunft darüber, wer Vorfahrt hat und wer warten muss.

3. **Begegnungen mit Lichtzeichenanlagen:** Hierbei befassen wir uns mit den verschiedenen Lichtzeichenanlagen und deren Bedeutung hinsichtlich der Vorfahrt.

4. **Begegnungen mit Fußgängern und Radfahrern:** In diesem Abschnitt widmen wir uns den besonderen Vorsichtsmaßnahmen und Regeln, die du beachten musst, wenn Fußgänger oder Radfahrer beteiligt sind.

1. Rechts-vor-links-Regelung

Welches Verhalten ist richtig? 1.3.01-103-M

- [x] **Ich muss warten**
- [ ] Das Motorrad muss warten

An dieser Kreuzung hat Vorfahrt, wer von rechts kommt. Der Motorradfahrer hat somit Vorrang. Das Verkehrszeichen »Durchfahrt verboten« ändert somit nichts an der Rechts-vor-links-Regelung.

Welches Verhalten ist richtig? 1.3.01-125-M

- [x] **Ich muss dem roten Pkw Vorfahrt gewähren**
- [x] **Ich habe Vorfahrt vor dem blauen Pkw**
- [ ] Ich muss dem blauen Pkw Vorfahrt gewähren

An dieser Kreuzung gibt es keine Verkehrszeichen, die die Vorfahrt regeln. Die Regel besagt, dass derjenige Vorfahrt hat, der von rechts kommt. In diesem Fall hat der rote PKW Vorfahrt, da er von rechts kommt. Da wir uns aus der Sicht des blauen PKW von rechts nähern, dürfen wir vor ihm fahren.

Welches Verhalten ist richtig?

1.3.01-118-M

- [x] **Ich muss die Radfahrerin durchfahren lassen**
- [x] **Ich darf vor dem Motorrad fahren**
- [ ] Die Radfahrerin muss mich vorbeilassen

An dieser Kreuzung hat derjenige Vorfahrt, der von rechts kommt. Somit darf die Radfahrerin vor uns fahren. Da der Motorradfahrer links abbiegen möchte, muss er die Radfahrerin auch passieren lassen. Nachdem die Radfahrerin gefahren ist, dürfen wir fahren, da wir aus Sicht des Motorradfahrers von rechts kommen und somit Vorfahrt haben.

Welches Verhalten ist richtig? 1.3.01-116

- [x] **Ich muss den Radfahrer durchfahren lassen**
- [ ] Ich darf vor dem Radfahrer abbiegen
- [ ] Der blaue Lkw darf zuerst fahren

Da keine Beschilderung das Vorfahrtsrecht an dieser Kreuzung bestimmt, gilt weiterhin: Wer von rechts kommt, hat Vorfahrt. Der blaue Lkw muss somit warten und den Radfahrer passieren lassen. Wir müssen dem Radfahrer die Vorfahrt gewähren, denn wer abbiegen will, muss entgegenkommende Fahrzeuge und Radfahrer durchfahren lassen.

Welches Verhalten ist richtig? 1.3.01-114-M

- [x] **Ich muss den Radfahrer abbiegen lassen**
- [x] **Ich muss den blauen Pkw durchfahren lassen**
- [ ] Der blaue Pkw muss mich abbiegen lassen

Wir schauen uns erneut aufmerksam die Kreuzung an und stellen fest, dass keine Verkehrszeichen platziert sind. Somit gilt mal wieder »rechts vor links«. Wir müssen also dem blauen PKW Vorfahrt gewähren und natürlich auch den Radfahrer abbiegen lassen. Rechtsabbieger haben grundsätzlich Vorfahrt gegenüber Linksabbiegern, sollte kein Ampelsystem oder Verkehrszeichen etwas anderes festlegen. Der Radfahrer biegt also zuerst rechts ab, dann fährt der blaue Pkw und anschließend wir.

Welches Verhalten ist richtig? 1.3.01-007-M

- [x] **Ich muss den Radfahrer durchfahren lassen**
- [x] **Ich muss den Motorradfahrer durchfahren lassen**
- [ ] Ich darf vor dem Radfahrer abbiegen

An dieser Kreuzung gilt wieder: Vorfahrt hat derjenige, der von rechts kommt. Der Motorradfahrer hat also ganz eindeutig Vorrang vor uns. Der Radfahrer kommt ebenfalls von rechts, aus der Perspektive des Motorradfahrers. Somit muss er diesem die Vorfahrt gewähren. Der Radfahrer fährt also Erster, dann lassen wir den Motorradfahrer passieren und anschließend biegen wir links ab.

Welches Verhalten ist richtig? 1.3.01-035-M

- [x] **Ich lasse den grünen Pkw durchfahren**
- [ ] Ich biege vor dem grünen Pkw links ab
- [ ] Ich muss den roten Pkw vorbeilassen

Da keine Verkehrszeichen die Vorfahrt regeln, hat derjenige Vorfahrt, der von rechts kommt. Wir lassen also den grünen Pkw durchfahren. Da wir aus Sicht des roten Pkw von rechts kommen, biegen wir vor ihm links ab.

Welches Verhalten ist richtig? 1.3.01-048-M

- [x] **Ich lasse den blauen Pkw abbiegen**
- [ ] Ich fahre als Erster
- [ ] Ich lasse das Motorrad vor mir abbiegen

An dieser Einmündung wird der Verkehr nicht durch Verkehrszeichen geregelt. Somit gilt: Wer von rechts kommt, hat Vorfahrt. Wir müssen also den blauen Pkw abbiegen lassen. Da wir geradeaus fahren, haben wir gegenüber dem links blinkenden Motorrad Vorrang.

Welches Verhalten ist richtig? 1.3.01-055-M

Ich fahre

- [x] **nach dem blauen Lkw**
- [x] **nach dem gelben Pkw**
- [ ] vor dem gelben Pkw

Es gibt keine Beschilderung an dieser Kreuzung, also hat derjenige Vorfahrt, der von rechts kommt. Wir müssen also zuerst den gelben Pkw fahren lassen. Weil wir nach links abbiegen und der blaue Lkw geradeaus fährt, müssen wir ihm natürlich Vorfahrt gewähren.

Welches Verhalten ist richtig? 1.3.01-112

- [x] **Ich muss warten**
- [ ] Das blaue Fahrzeug muss warten

Wenn wir aus einem Feld- oder Waldweg kommen, müssen wir den kommenden Fahrzeugen Vorfahrt gewähren. Hier zählt nicht die Rechts-vor-links-Regelung.

Welches Verhalten ist richtig? 1.3.01-052

- [x] **Ich muss die Radfahrerin durchfahren lassen**
- [x] **Ich verzichte auf meine Vorfahrt, um die Kreuzung nicht zu verstopfen**
- [ ] Das blaue Fahrzeug muss warten Ich darf vor der Radfahrerin links abbiegen

Da wir links abbiegen möchten, müssen wir als Erstes unseren Gegenverkehr durchlassen. Die Radfahrerin hat also Vorfahrt. Theoretisch hätten wir hier Vorfahrt vor dem grünen Pkw, da wir von rechts kommen. In diesem Fall müssen wir aber auf unsere Vorfahrt verzichten, da der haltende Müllwagen die Spur, in die wir einbiegen möchten, blockiert. Wenn die Verkehrslage es erfordert, müssen wir auf die Vorfahrt verzichten.

Welches Verhalten ist richtig? 1.2.20-106

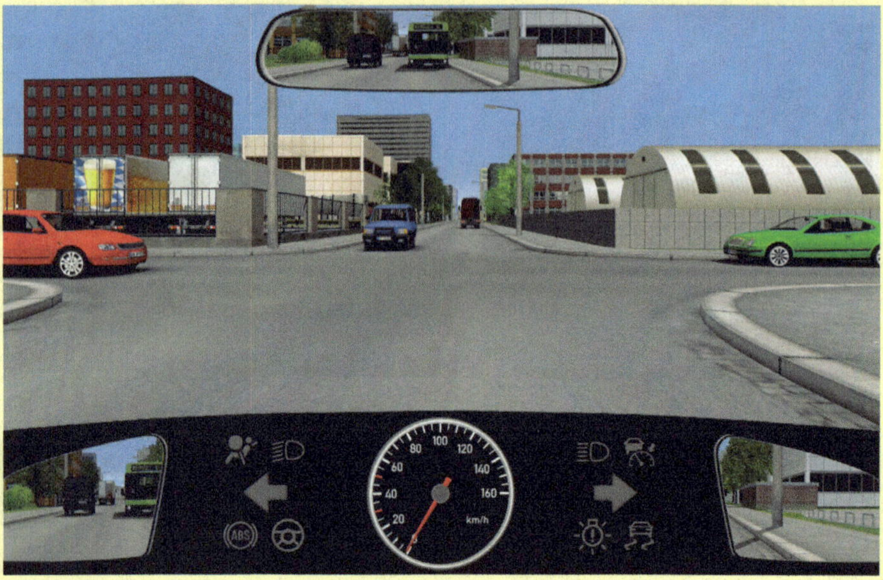

- [x] **Ich verzichte mit eindeutigem Handzeichen auf meine Vorfahrt**
- [ ] Ich fahre als Erster bis zur Mitte der Kreuzung vor und halte an
- [ ] Ich überquere als Erster die Kreuzung

An dieser Kreuzung hat Vorfahrt, wer von rechts kommt. Wir müssen also dem grünen Pkw Vorfahrt gewähren. Allen anderen Verkehrsteilnehmern geht es genauso, jeder muss hier dem jeweiligen Fahrzeug von rechts Vorfahrt gewähren. Wir verzichten also auf unsere Vorfahrt. Wir schauen zum Fahrzeug links von uns und signalisieren dem Fahrer, dass wir auf unsere Vorfahrt verzichten und er fahren darf.

2. Vorfahrtsregelende Verkehrszeichen

Welches Verhalten ist richtig? 1.3.01-018-M

- [x] **Ich muss das Motorrad durchfahren lassen**
- [x] **Ich fahre vor dem Bus**
- [ ] Ich muss den Bus durchfahren lassen

Das Verkehrszeichen »Vorfahrt gewähren« zeigt an, dass der Querverkehr Vorfahrt hat. Wir müssen das Motorrad also durchfahren lassen. Der Bus ist Linksabbieger, deshalb haben wir Vorrang.

Welches Verhalten ist richtig? 1.3.01-042-M

- [x] **Ich muss die Straßenbahn durchfahren lassen**
- [x] **Ich muss das Motorrad durchfahren lassen**
- [ ] Die Straßenbahn muss mich vorher abbiegen lassen

Das Verkehrszeichen »Vorfahrt gewähren« regelt hier das Vorfahrtsrecht. Es zeigt uns an, dass wir der Straßenbahn Vorfahrt gewähren müssen. Nachdem die Straßenbahn vorbeigefahren ist, müssen wir als Linksabbieger dem Motorradfahrer Vorrang gewähren und ihn durchfahren lassen.

Welches Verhalten ist richtig? 1.3.01-034-M

- [x] **Ich lasse das gelbe Fahrzeug durchfahren**
- [ ] Ich biege vor dem gelben Fahrzeug ab
- [ ] Ich biege vor dem roten Pkw ab

Diese Kreuzung wird durch Verkehrszeichen geregelt. Das Verkehrszeichen »Vorfahrt gewähren« gibt dem Querverkehr somit Vorrang. Der rote Pkw befindet sich auf der Vorfahrtsstraße und darf zuerst fahren. Da wir Linksabbieger sind, müssen wir den gelben Pkw durchfahren lassen, anschließend dürfen wir abbiegen.

Welches Verhalten ist richtig? 1.3.01-040-M

- [x] **Der grüne Pkw darf vor dem roten Pkw fahren**
- [ ] Ich darf vor dem roten Pkw fahren
- [ ] Ich darf vor dem grünen Pkw fahren

Hier wird durch die Beschilderung klar, dass wir den Verkehrsteilnehmern auf der Vorfahrtsstraße Vorfahrt gewähren müssen. Der grüne Pkw folgt dem Straßenverlauf der abknickenden Vorfahrtsstraße und hat somit Vorrang, er fährt zuerst. Wir müssen auch den roten Pkw erst abbiegen lassen, da er sich ebenfalls auf der Vorfahrtsstraße befindet. Wir fahren zuletzt.

Welches Verhalten ist richtig? 1.3.01-049-M

- [x] **Ich darf als Erster fahren**
- [ ] Ich muss den roten Pkw vorlassen
- [ ] Ich muss die Straßenbahn vorlassen

Das Verkehrszeichen »Vorfahrtsstraße« gewährt uns Vorfahrt gegenüber den anderen Verkehrsteilnehmer. Wir fahren also zuerst.

Welches Verhalten ist richtig? 1.3.01-120-M

- [x] **Ich muss das blaue Fahrzeug vorbeilassen**
- [x] **Ich darf vor dem grünen Fahrzeug abbiegen**
- [ ] Ich muss das grüne Fahrzeug durchfahren lassen

Wir sind Linksabbieger auf der Vorfahrtsstraße. Der blaue Pkw folgt dem Straßenverlauf der Vorfahrtsstraße und fährt deshalb zuerst. Da wir uns auf der Vorfahrtsstraße befinden, haben wir Vorrang gegenüber dem grünen Pkw.

Welches Verhalten ist richtig? 1.3.01-057-M

- [x] **Ich muss den roten Pkw durchfahren lassen**
- [x] **Ich darf vor dem blauen Lkw fahren**
- [ ] Ich darf erst nach dem blauen Lkw fahren

Der rote Pkw hat Vorrang, da er dem Straßenverlauf der Vorfahrtsstraße folgt. Wir verlassen die abknickende Vorfahrtsstraße, trotzdem haben wir Vorfahrt gegenüber dem blauen Lkw, denn die Fahrzeuge auf der Vorfahrtsstraße haben Vorrang gegenüber Verkehrsteilnehmern, die sich nicht auf der Vorfahrtsstraße befinden.

Ich darf

- [x] **erst nach dem Motorrad abbiegen**
- [x] **vor dem gelben Pkw abbiegen**
- [ ] als Erster abbiegen

Als Linksabbieger müssen wir den entgegenkommenden Verkehrsteilnehmern Vorrang gewähren. Das Motorrad darf also zuerst abbiegen. Da wir uns auf der Vorfahrtsstraße befinden, dürfen wir vor dem gelben Pkw abbiegen.

Welches Verhalten ist richtig? 1.3.01-041-M

- [x] **Ich darf vor dem roten Pkw fahren**
- [x] **Der gelbe Pkw darf vor dem roten Pkw fahren**
- [ ] Ich darf vor dem gelben Pkw fahren

Das Zusatzschild unter dem Verkehrszeichen »Vorfahrtsstraße« zeigt uns den Straßenverlauf der Vorfahrtsstraße an. Der gelbe Pkw folgt diesem Verlauf, somit fährt er zuerst. Wir biegen zwar links ab, befinden uns aber trotzdem noch auf der Vorfahrtsstraße und dürfen deshalb vor dem roten Pkw abbiegen.

Welches Verhalten ist richtig? 1.3.01-121-M

- [x] **Ich muss die Straßenbahn durchfahren lassen**
- [ ] Ich muss den Traktor durchfahren lassen
- [ ] Ich darf nicht auf den Gleisen warten

Wir sind Linksabbieger und müssen deshalb der Straßenbahn Vorrang gewähren. Wir befinden uns auf der Vorfahrtsstraße und dürfen deshalb vor dem Traktor fahren.

Wer darf zuerst fahren? 1.2.36-015-M

- [x] **Der rote Pkw**
- [ ] Das Motorrad
- [ ] Ich

Ein Polizist regelt den Verkehr, somit verlieren alle Verkehrszeichen und Ampeln ihre Bedeutung. Seine Zeichen bestimmen das Vorfahrtsrecht an dieser Kreuzung. Der Polizist hält beide Arme quer zu unserer Fahrtrichtung, das bedeutet für uns: Wir müssen bremsen, und der rote Pkw fährt zuerst, da er geradeaus fährt. Das Motorrad muss warten, da es abbiegen möchte.

3. Lichtzeichenanlagen

Was gilt hier? 1.2.37-015

- [x] **Ich darf ungehindert abbiegen**
- [ ] Ich muss den Gegenverkehr durchfahren lassen
- [ ] Ich muss in der Kreuzungsmitte anhalten

Der grüne Pfeil links hinter der Kreuzung signalisiert uns, dass wir abbiegen dürfen. Der Gegenverkehr ist durch Rotlicht angehalten. Wäre dieser Pfeil nicht vorhanden, müssten wir erst das rote Auto durchfahren lassen. Es ist wichtig, die Kreuzungen immer genau zu begutachten.

4. Begegnungen mit Fußgängern und Radfahrern

Wie verhalten Sie sich in dieser Situation richtig? 1.1.02-051-M

- [x] **Ich halte an und lasse die Person die Straße überqueren**
- [ ] Ich fahre mit ausreichendem Abstand links an der Person vorbei
- [ ] Ich signalisiere der Person durch Betätigung der Lichthupe, dass ich warte

Der Fußgänger trägt eine Armbinde und hat einen Blindenhund, er ist also sehbehindert. Wir müssen hier besondere Rücksicht auf den Mann nehmen, deshalb halten wir an und lassen ihn die Fahrbahn überqueren.

Warum dürfen Sie hier nicht überholen? 2.1.06-029-M

- [x] **Weil der Seitenabstand zu den Radfahrern zu gering wird**
- [x] **Weil eine Gefährdung des Gegenverkehrs möglich ist**
- [ ] Weil die Leitlinie nicht überfahren werden darf

Wir dürfen nur überholen, wenn wir den Seitenabstand von 1,5 Meter einhalten und eine Gefährdung des Gegenverkehrs ausgeschlossen ist. Außerorts müssten wir einen Seitenabstand von 2 Metern einhalten. Es nähert sich ein blauer Lkw, somit ist ein sicheres Vorbeifahren momentan nicht möglich. Die Leitlinie darf überfahren werden, da sie gestrichelt ist – wäre sie durchgezogen, dürfte sie nicht überfahren werden.

Wie verhalten Sie sich in dieser Situation richtig? 1.2.20-108-M
(Warnblinklicht ist aus)

- [x] **Ich behalte meine Geschwindigkeit bei**
- [x] **Ich fahre mit erhöhter Aufmerksamkeit**
- [ ] Ich bremse jetzt auf Schrittgeschwindigkeit ab

An Omnibussen des Linienverkehrs, an Straßenbahnen und Schulbussen muss mit besonderer Vorsicht vorbeigefahren werden. Das gilt auch für uns, obwohl wir uns im Gegenverkehr befinden. Der Bus hat das Warnblinklicht nicht eingeschaltet, deshalb müssen wir nicht in Schrittgeschwindigkeit fahren. Die gefahrene Geschwindigkeit von 30 km/h ist angemessen und muss nicht reduziert werden.

05

PRAKTISCHE FAHRSTUNDEN

In den praktischen Fahrstunden ist dein Ziel, ausreichend Fahrpraxis zu sammeln, um sicher, umweltbewusst und verantwortungsvoll auf öffentlichen Straßen zu fahren. Die Anzahl der Fahrstunden kann individuell variieren, abhängig von deinem Lernfortschritt sowie erlernten Fähigkeiten. Wichtig sind die gesetzlich vorgeschriebenen besonderen Ausbildungsfahren (Sonderfahrten): Fünf Überlandfahrten, vier Autobahnfahrten und drei Fahrten bei Dunkelheit.

5.1 Erste Schritte und Fahrzeugbedienung

Bevor du losfährst, solltest du die Betriebssicherheit deines Fahrzeugs überprüfen. Die regelmäßige Kontrolle der folgenden Punkte kann helfen, Probleme frühzeitig zu erkennen und Unfälle zu vermeiden:

Reifen: Überprüfe die Reifen auf Schäden und achte darauf, dass sie den richtigen Luftdruck haben. Die Mindestprofiltiefe von 1,6 Millimetern muss ebenfalls eingehalten werden.

Bremsen: Überprüfe die Funktionalität deiner Bremsen. Um die Feststellbremse (Handbremse) zu prüfen, ziehe sie einfach an und unternimm einen Versuch, anzufahren. Sollte dein Fahrzeug dabei nicht in Bewegung kommen, ist das ein gutes Zeichen dafür, dass die Feststellbremse einwandfrei funktioniert. Die Funktionstüchtigkeit der Betriebsbremse lässt sich auf verschiedene Arten testen. Du könntest mehrmals das Bremspedal betätigen – der Widerstand sollte dann zunehmen und das Pedal wird schwieriger zu drücken. Alternativ kannst du eine kurze Bremsprobe durchführen: Fahre langsam los und betätige dann die Bremse. Dadurch erhältst du ein Gefühl dafür, ob die Betriebsbremse ordnungsgemäß funktioniert.

Beleuchtung: Stelle sicher, dass alle Lichter (einschließlich Blinker und Bremslichter) funktionieren.

Motoröl: Überprüfe den Ölstand mithilfe des Ölmessstabs.

Lenkspiel: Das Lenkspiel kannst du überprüfen, indem du das Lenkrad leicht drehst, während das Auto steht. Wenn das Lenkrad ohne Widerstand mehrere Zentimeter bewegt werden kann, könnte das auf ein Problem hinweisen.

Wenn du ins Auto steigst, ist es wichtig, dass du deinen Sitz und deine Spiegel richtig einstellst. Du solltest in der Lage sein, alle Instrumente und die Straße klar zu sehen und alle Bedienelemente leicht zu erreichen. Vergiss nicht, dich anzuschnallen, bevor du losfährst. Vor dem Anfahren ist es entscheidend, dass du vorschriftsgemäß und unter Beachtung des Verkehrs vorgehst. Dazu gehört ein Blick in den Innenspiegel, gefolgt vom Außenspiegel, das Setzen des Blinkers und schlussendlich der Schulterblick. Mit dieser Reihenfolge stellst du sicher, dass kein anderer Verkehrsteilnehmer in deinem toten Winkel ist.

Zum Video

Und denk daran: Der Fahrlehrer ist dein Ansprechpartner. Er ist da, um dir zu helfen und dir alles beizubringen, was du wissen musst. Scheue dich also nicht, Fragen zu stellen, wenn du unsicher bist. Hab keine Angst vor schwierigen Situationen, zur Not hat dein Fahrlehrer immer die Möglichkeit einzugreifen. Bei Fahrschulautos sind nämlich auch auf der Beifahrerseite Gas-, Brems- und Kupplungspedal angebracht. Es ist seine Aufgabe, dich zu einem sicheren und kompetenten Fahrer auszubilden.

5.2 Anfahren und Schalten

Nachdem du die grundlegende Fahrzeugbedienung gemeistert hast, ist es an der Zeit, sich auf die Grundfahraufgaben zu konzentrieren. Zunächst werden wir uns darauf konzentrieren, den Motor zu starten und das Fahrzeug in Bewegung zu setzen.

Anfahren: Ein wichtiger Aspekt, den du beim Fahren eines Autos kennen musst, ist die Anordnung und Funktion der Pedale. In Fahrzeugen mit Linkslenker, wie sie in Deutschland üblich sind, gibt es drei Pedale von links nach rechts: Kupplung, Bremse und Gas.

1. **Kupplung:** Das linke Pedal ist die Kupplung. Sie trennt und verbindet den Motor mit dem Getriebe. Wenn du die Kupplung trittst (also das Pedal mit dem linken Fuß ganz durchdrückst), unterbricht das den Kraftfluss zwischen Motor und Getriebe. Das ist nötig, um den Gang zu wechseln oder den Motor im Stillstand laufen zu lassen, ohne dass das Auto fährt.

2. **Bremse:** Das mittlere Pedal ist die Bremse. Wenn du das Bremspedal trittst (mit dem rechten Fuß), verlangsamt das Auto oder kommt zum Stillstand. Beim Bremsen solltest du immer darauf achten, dass du es sanft und kontrolliert machst, um ein abruptes Anhalten zu vermeiden. In Gefahrensituationen ist es wichtig, dass du die Bremse schnell und schlagartig betätigst.

3. **Gas:** Das rechte Pedal ist das Gaspedal. Wenn du das Gaspedal trittst (auch mit dem rechten Fuß), erhöht das die Geschwindigkeit des Autos. Beim Gasgeben solltest du immer darauf achten, dass du es langsam und gleichmäßig machst, um einen plötzlichen Geschwindigkeitsschub zu vermeiden.

Während du fährst, benutzt du den linken Fuß ausschließlich für die Kupplung und den rechten Fuß, um zwischen Gas und Bremse zu wechseln. Dies könnte anfangs ein wenig unvertraut erscheinen, doch mit der Zeit wird es zur Gewohnheit. Es entstehen schließlich Automatismen in deinem Kopf, und du musst nicht mehr bewusst darüber nachdenken. Dein Fahrlehrer wird dir helfen, diese Fähigkeiten und Fertigkeiten zu erlernen und zu üben. Zunächst trittst du die Kupplung vollständig mit dem linken Fuß durch. Während du die Kupplung gedrückt hältst, schaltest du in den ersten Gang. Dann beginnst du langsam, die Kupplung kommen zu lassen, während du gleichzeitig leicht Gas gibst. Dieser Prozess erfordert etwas Übung, um das richtige Gleichgewicht zu finden und ein Abwürgen des Motors zu vermeiden. Du wirst feststellen, dass dein Fahrzeug eine leichte Vibration aufweist oder eine Neigung zeigt, sich vorwärtszubewegen – dies kennzeichnet den sogenannten »Schleifpunkt«, den

Augenblick, in dem dein Auto bereit ist, sich in Bewegung zu setzen. Bei einem Fahrzeug mit Automatikgetriebe benutzt du ausschließlich den rechten Fuß, um zwischen Gas und Bremse zu wechseln, der linke Fuß kommt nicht zum Einsatz.

Schaltwagen mit Kupplung | **Automatikgetriebe**

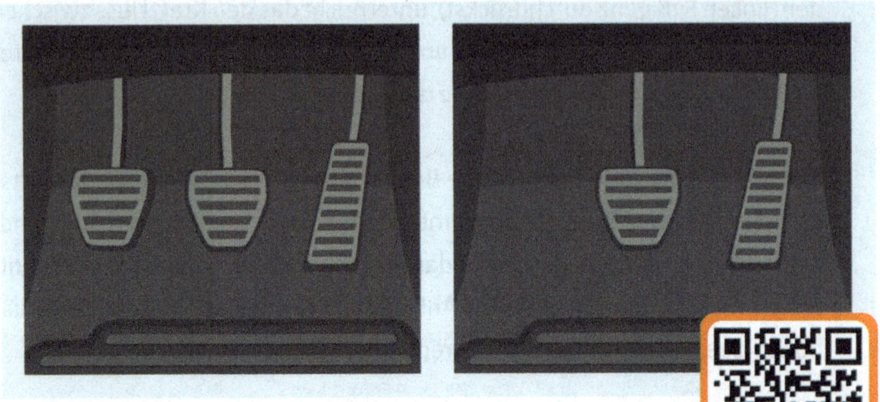

Zum Video

Hochschalten: In der Regel schaltest du in den nächsten Gang, wenn du eine bestimmte Geschwindigkeit erreichst. Ein gutes Anzeichen dafür, dass du hochschalten solltest, ist, wenn der Motor sehr laut wird und die momentane Drehzahl zu hoch ist. Für das Hochschalten trittst du die Kupplung durch, ziehst den Schalthebel in den höheren Gang und lässt dann die Kupplung langsam kommen, während du gleichzeitig Gas gibst. Die genaue Geschwindigkeit, bei der du schaltest, kann von Fahrzeug zu Fahrzeug variieren, aber im Allgemeinen solltest du bei etwa 20 km/h in den zweiten Gang und bei etwa 40 km/h in den dritten Gang schalten. Vergiss nicht: Bei jedem Gangwechsel musst du die Kupplung komplett durchtreten.

Zum Video

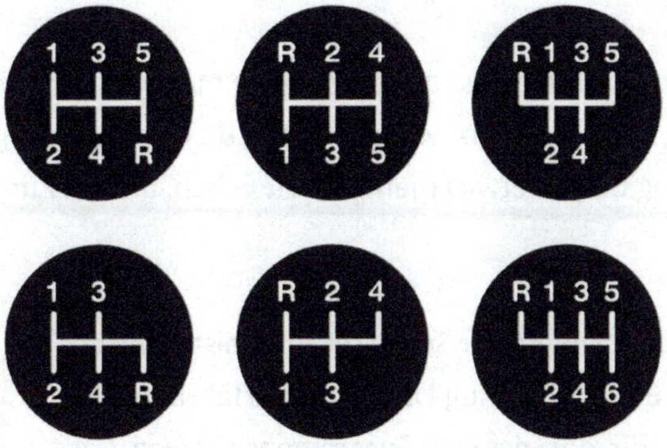

Anfahren am Berg

Das Anfahren am Berg kann eine besondere Herausforderung darstellen, da dein Auto dazu neigt, zurückzurollen. Hier sind zwei Methoden, wie du sicher am Berg anfahren kannst:

Anfahren mit Handbremse

Wenn dein Fahrzeug erst einmal zum Stillstand gekommen ist, betätige die Handbremse. Drücke dann die Kupplung vollständig und schalte in den ersten Gang. Fange nun an, sanften Druck auf das Gaspedal auszuüben und lasse dabei die Kupplung langsam los. Du wirst bemerken, dass dein Auto eine Vibration zeigt oder den Wunsch hat, vorwärts zu ziehen – dies bezeichnet man als Schleifpunkt, jenen Moment, in dem dein Auto zum Abfahren bereit ist. Beginne dann damit, die Handbremse allmählich zu lösen. Du wirst feststellen, dass dein Auto bereit ist loszufahren. Gib weiter stetig Gas und lasse die Kupplung vollständig kommen.

Anfahren ohne Handbremse

Drücke das Kupplungs- und das Bremspedal gleichzeitig durch und lege den ersten Gang ein.

Nun löse langsam das Bremspedal und gib gleichzeitig etwas mehr Gas als üblich. Du wirst merken, dass dein Auto anfängt, sich vorwärtszubewegen. Lasse die Kupplung langsam kommen und gib weiter Gas.

Es ist wichtig zu beachten, dass dieses Manöver mehr Geschick erfordert und das Risiko besteht, den Motor abzuwürgen, wenn du es nicht richtig machst. Daher ist es am Anfang besser, etwas mehr Gas zu geben, um ein Zurückrollen zu vermeiden.

In beiden Fällen ist Übung der Schlüssel zur Meisterung des Anfahrens am Berg. Mit genug Übung und Erfahrung wirst du ein Gefühl für das richtige Zusammenspiel von Gas, Kupplung und Bremse entwickeln. Und wie immer, wenn du dir unsicher bist oder Hilfe benötigst, zögere nicht, deinen Fahrlehrer um Unterstützung zu bitten. Er wird dir bei jedem Schritt des Lernprozesses zur Seite stehen.

Zum Video

5.3 Verhalten im Straßenverkehr

Nachdem wir die Grundlagen der Fahrzeugbedienung und die grundlegenden Fahrmanöver besprochen haben, ist es nun an der Zeit, das theoretisch Erlernte in die Praxis umzusetzen. Es geht um das Verhalten im Straßenverkehr.

Zu den ersten Dingen, die du lernst, gehört das korrekte Ein- und Anfahren. Hierbei ist es wichtig zu wissen, dass du, wenn du von einem Parkplatz, einem Grundstück oder vom Fahrbahnrand anfährst, den anderen Verkehrsteilnehmern Vorrang gewähren musst. Bevor du also losfährst, schaue dich sorgfältig um, mache die notwendigen Schulterblicke und verwende deine Blinker, um deine Absichten klar zu signalisieren. Und denke daran: Sicherheit hat immer Vorrang.

In dieser Phase der Ausbildung beginnen wir, die Theorie in die Praxis umzusetzen und inhaltlich zu verzahnen. Dein Fahrlehrer wird mit dir in den Straßenverkehr übergehen. Zunächst werdet ihr in Gebieten fahren, in denen weniger Verkehr herrscht und die Situation überschaubar bleibt, im sogenannten »Schonraum«. Es ist ganz normal, dass du anfangs etwas aufgeregt bist. Denk aber immer daran, dass dein Fahrlehrer direkt neben dir sitzt und jederzeit eingreifen kann, falls es notwendig ist. Sein Ziel ist es, dir ein sicheres und zuversichtliches Fahrverhalten zu vermitteln. Mit jeder Fahrstunde wirst du sicherer werden und dich mehr auf den Straßenverkehr einlassen können.

06

PRAKTISCHE PRÜFUNG

Nach all den Fahrstunden und Übungen kommt der Tag der praktischen Prüfung. Es ist der Moment, in dem du all dein erlerntes Wissen und Können unter Beweis stellst.

6.1 Vorbereitung und Ablauf

Deine praktische Prüfung beginnt am ausgewählten Prüfungsort, wo du den Prüfer und deinen Fahrlehrer triffst. Der erste Schritt des Prüfungsprozesses ist die Überprüfung deiner Identität, daher ist es wichtig, deinen Ausweis oder Pass griffbereit zu haben.

Falls du eine Sehhilfe für das Fahren benötigst, wird dies in den Unterlagen des Prüfers verzeichnet sein und er wird erwarten, dass du diese während der Prüfung trägst. Stelle also sicher, dass du deine Brille oder Kontaktlinsen aufsetzt, wenn es nötig ist.

Vor Beginn der eigentlichen Fahrprüfung wird der Prüfer eine kurze Abfahrtskontrolle mit drei technischen Fragen zum Fahrzeug mit dir durchführen. Dies kann die Überprüfung des Ölstands, die Identifizierung einer bestimmten Kontrolllampe oder die Bewertung der Reifenprofiltiefe beinhalten.

Bevor du mit dem Fahren beginnst, erklärt der Prüfer die geplante Prozedur der Prüfungsfahrt, einschließlich der Erwartungen an dich und wie die Anweisungen während der Fahrt gegeben werden. Für die Dauer der Prüfung wird der Prüfer auf dem Sitz direkt hinter dir sitzen, um eine klare Sicht auf dich, den Tachometer und die Straße zu haben. Wie du es gewohnt bist, wird dein Fahrlehrer dich auf dem Beifahrersitz begleiten. Er wird allerdings nur in Notfallsituationen eingreifen. Denke daran, dass du während der Prüfung deinen Fahrlehrer nicht um Rat fragen und auch nicht mit ihm sprechen darfst. Sollten Unsicherheiten auftreten, zögere jedoch nicht, den Prüfer um Klarheit zu bitten.

Bevor du losfährst, wirst du gebeten, einige vorbereitende Fahrhandlungen durchzuführen, wie das Einstellen von Sitz, Spiegel und Lenkrad und das Anlegen des Sicherheitsgurtes.

Die Prüfer sind dazu angehalten, den Stress für den Prüfling so gering wie möglich zu halten. Daher werden dir Fragen zur Bedeutung von Verkehrszeichen erspart und möglicherweise gemachte Fehler erst nach Abschluss der Fahrt mitgeteilt.

Die Fahrt selbst wird sowohl innerhalb als auch außerhalb geschlossener Ortschaften durchgeführt – und, sofern möglich, auch auf der Autobahn. Du wirst in dem Gebiet fahren, in welchem du deine Fahrstunden absolviert hast, was bedeutet, dass du bereits mit den schwierigen Abschnitten vertraut sein solltest. Am Ende der Fahrt ist es wichtig, dass du das Auto parkfertig abstellst.
Hierzu gehen wir wie folgt vor: Zunächst schalten wir in den ersten Gang, ziehen die Handbremse und schalten dann den Motor aus. Wenn der Motor aus ist, lassen wir die Bremse und die Kupplung los. Anschließend aktivieren wir die Lenkradsperre, deren Handhabung je nach Fahrzeug variiert. Und ganz wichtig: Vor dem Öffnen der Tür machen wir unbedingt einen Schulterblick, um sicherzustellen, dass wir niemanden gefährden. Mit diesen Schritten demonstrierst du deinem Prüfer, dass du das Auto sicher und verantwortungsbewusst bedienen kannst.

Zum Video

6.2 Technische Prüfungsfragen

In seiner bisherigen Laufbahn als Fahrlehrer hat Lukas zahlreiche Fahrprüfungen begleitet und dabei festgestellt, dass die Technikfragen oft nach einem ähnlichen Muster gestellt werden. Im Folgenden präsentieren wir dir die häufigsten Fragen zu diesem Themenbereich. Es besteht eine hohe Wahrscheinlichkeit, dass du in deiner Prüfung auf einige davon stoßen wirst. Es ist wichtig, dass du mit den grundlegenden Funktionen deines Fahrzeugs vertraut bist, einschließlich des Motors, der Bremsen, der Beleuchtung und der Reifen. Du solltest auch in der

Lage sein, grundlegende Wartungsaufgaben wie das Überprüfen des Ölstands oder den Reifendruck zu erklären. Du solltest also ebenfalls in der Lage sein, die Motorhaube des Fahrzeugs zu öffnen – der Hebel zum Öffnen befindet sich auf der Fahrerseite links unten.

Übersicht über den Motorraum

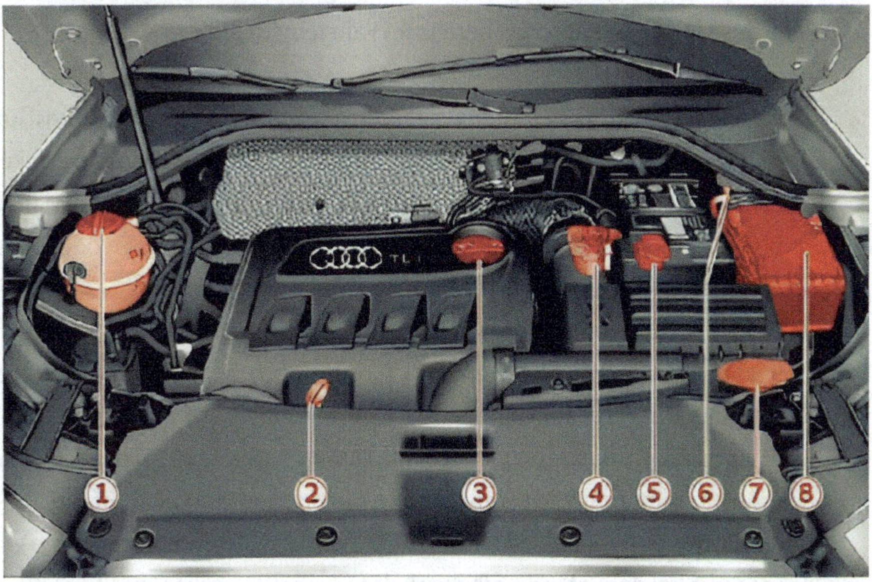

Bevor du mit der Fahrprüfung startest oder möglicherweise danach, wird der Prüfer einige Fragen zur Bedienung und Technik des Fahrzeugs stellen, unter anderem zu diesen Themen:

1. **Kühlwasserbehälter:** Du musst in der Lage sein, den Mindest- und Maximalstand zu erkennen. Diese Überprüfung sollte im kalten Zustand des Fahrzeugs durchgeführt werden.

2. **Ölstand messen:** Du musst den Ölmessstab herausziehen, ihn säubern und dann erneut einsetzen, um den Ölstand abzulesen. Die Markierung sollte idealerweise bei etwa zwei Dritteln liegen, denn zu viel Öl kann dem Motor schaden. Um eine genaue Messung zu gewährleisten, sollte der Ölstand erst 10 bis 15 Minuten nach dem Abstellen des Fahrzeugs überprüft werden, wenn das Öl zurück in die Ölwanne geflossen ist. Es ist zudem wichtig, dass das Fahrzeug auf einem geraden Untergrund parkt, um Verfälschungen im Messergebnis, die durch eine Schräglage entstehen könnten, zu vermeiden.

Zum Video

3. **Öl nachfüllen:** Sollte der Ölstand zu niedrig sein, musst du Öl nachfüllen. Fülle das gleiche Öl nach, das bereits im Fahrzeug ist.

4. **Vorratsbehälter für die Bremsflüssigkeit:** Du solltest auch den Bremsflüssigkeitsbehälter identifizieren können. Beachte, dass die Bremsflüssigkeit das einzige Fahrzeugfluid ist, das sich nicht verbrauchen sollte! Ein Mangel an Bremsflüssigkeit könnte auf einen Defekt in der Bremsanlage oder einen starken Verschleiß der Bremsscheiben und Beläge hinweisen.

5. **Fremdstart-Punkt (+):** Der Fremdstartpunkt, auch bekannt als Starthilfepunkt oder Überbrückungspunkt, ist eine Methode, um ein Fahrzeug mit einer entladenen Batterie wieder zum Laufen zu bringen. Dabei wird die Energie einer intakten Batterie von einem anderen Fahrzeug auf das Fahrzeug mit der entladenen Batterie übertragen. Der Fremdstartpunkt (+) ist der positive Pol der Batterie, oft durch das Symbol »+« gekennzeichnet. Beim Fremdstarten wird das rote Kabel des Starthilfekabels mit dem Fremdstartpunkt (+) des Fahrzeugs mit der intakten Batterie verbunden.

6. **Fremdstart-Punkt (–):** Der Fremdstartpunkt (–) ist der negative Pol der

Batterie, oft durch das Symbol »–« gekennzeichnet. Das schwarze Kabel des Starthilfekabels wird mit dem Fremdstartpunkt (–) des Fahrzeugs mit der intakten Batterie und einem geeigneten Massepunkt des Fahrzeugs mit der entladenen Batterie verbunden.

7. **Vorratsbehälter für die Scheibenwaschanlage:** Beim Nachfüllen musst du Reinigungszusatz hinzufügen. Reines Wasser reinigt die Scheiben nicht ausreichend, und im Winter solltest du einen Frostschutz hinzufügen.

8. **Sicherungskasten:** Die Sicherungen des Autos verhindern Schäden in Schaltkreisen oder anderen elektrischen Bauteilen. Im Extremfall dienen sie sogar dazu, zu verhindern, dass das Fahrzeug aufgrund eines elektrischen Problems durchbrennt.

Zum Video

Weitere mögliche Punkte, die der Prüfer abfragen könnte, wären:

Einschalten von Standlicht, Abblendlicht, Fernlicht:

Das Tagfahrlicht schaltet sich automatisch beim Starten des Motors ein. Es wird nicht durch ein Symbol gekennzeichnet und entspricht der Stufe 0 am »Lichtschalter des Autos«. Auf »Auto« schaltet das Fahrzeug bei Dämmerung oder Tunnelfahrten automatisch das Abblendlicht ein. Position drei ist das Standlicht und in der letzten Stellung, ganz rechts schaltet sich das Abblendlicht manuell ein. (Bild 1)

Bei vielen Fahrzeugen lässt sich das Licht auch am Blinkerhebel einschalten. Wenn wir den Blinkerhebel nach vorne drücken, schalten wir das Fernlicht ein. Eine blaue Kontrolllampe erscheint. Wenn wir den Hebel ans Lenkrad ziehen, aktivieren wir die Lichthupe. (Bild 2)

Einschalten der Nebelscheinwerfer und Nebelschlussleuchte:

Die Lichteinstellungen für Nebelscheinwerfer und Nebelschlussleuchte folgen häufig einem zweistufigen System: Drehe den Schalter zunächst wie gewohnt auf die Position des Abblendlichts oder auf »Auto«.

Bei den meisten Fahrzeugen schaltest du die Nebelscheinwerfer ein, indem du den Schalter um eine Position herausziehst. Es ist jedoch von entscheidender Bedeutung, sich mit den individuellen Funktionen und Einstellungen deines spezifischen Fahrzeugs vertraut zu machen, um alle seine Merkmale zu kennen. Der Nebelscheinwerfer darf nur bei starkem Regen, Nebel, Schnee oder wenn die Witterungsverhältnisse es erfordern eingeschaltet werden. Eine grüne Leuchte erscheint dann im Cockpit.

Ziehe den Schalter auf die zweite Position, um die Nebelschlussleuchte zuzuschalten. Sie darf **nur** bei dichtem Nebel und Sichtweiten unter 50 Metern eingeschaltet werden. Die zulässige Höchstgeschwindigkeit beträgt dann 50 km/h. Eine gelbe Kontrollleuchte erscheint dann im Cockpit.

Zum Video

Einschalten der Warnblinkanlage:

Der Schalter für die Warnblinkanlage befindet sich mittig auf dem Armaturenbrett. Die Warnblinkanlage muss auch funktionieren, wenn kein Schlüssel im Zündschloss steckt.

Es wird oft in der Prüfung gefragt, wann wir das Warnblinklicht einschalten dürfen. Merke dir dazu die Abkürzung »SUPA«!

S tau
U nfall
P anne
A bschleppen

Zum Video

Funktion der Blinker prüfen:

Wenn die Blinker oder eine andere Beleuchtungseinrichtung defekt sind, könnte sich das unter anderem dadurch bemerkt machen, dass die Blinker doppelt so schnell wie üblich blinken. Auch die Kontrollleuchten im Cockpit leuchten dann doppelt so schnell auf.

Einschalten der Heckscheibenheizung: Der Schalter für die Heckscheibenheizung befindet sich meistens in der Nähe des Heizungsreglers, mittig unter dem Radio. Es kann in der Prüfung vorkommen, dass du gefragt wirst, welche Funktion die Linien auf der Heckscheibe haben. Diese Linien stellen tatsächlich Heizdrähte dar und dienen der Heckscheibenheizung. (Bild 1)

Zum Video

Überprüfung der Hupe: Zum Hupen müssen wir mittig auf das Lenkrad drücken. (Bild 2)

Rückfahrscheinwerfer, Rückstrahler und Reflektoren:

Der Prüfer könnte fragen, wo sich Rückfahrscheinwerfer, Rückstrahler und Reflektoren an deinem Fahrzeug befinden. Wichtig ist, dass diese stets sauber und funktionsfähig sind – also frei von Schmutz und nicht defekt oder beschädigt.

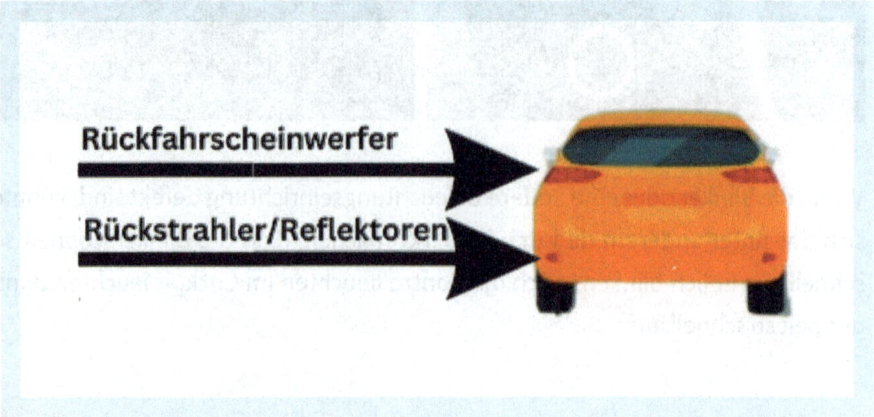

Überprüfung der Funktionstüchtigkeit der Handbremse (Feststellbremse) und Bremslichter:

Ziehe die Handbremse, lege den ersten Gang ein und versuche, langsam loszufahren. Das Fahrzeug darf nicht losfahren, es wird sich nur leicht nach vorn anheben. Bei Fahrzeugen mit selbstständig lösender Handbremse darf das Auto bei geöffneter Fahrertür nicht anfahren. Vergiss nicht, die Handbremse vor dem Losfahren wieder zu lösen. Eine orangene Kontrollleuchte im Cockpit signalisiert dir, dass die Handbremse angezogen ist.

Um die Bremslichter zu überprüfen, benötigst du eine zweite Person. Du könntest deinen Fahrlehrer oder den Prüfer darum bitten, sich ins Auto zu setzen, die Zündung einzuschalten und das Bremspedal zu betätigen. Wenn die rote Bremsleuchte am Heck des Autos aufleuchtet, bedeutet das, dass die Bremslichter ordnungsgemäß funktionieren.

Zum Video

Überprüfung der Reifen und Felgen:

Reifen sind ein häufiges Prüfungsthema, daher ist es wichtig, dass du die folgenden Informationen gründlich verinnerlichst. Zum Messen der Reifenprofiltiefe eignet sich ein Reifenprofil-Messer. Die gesetzliche Mindestprofiltiefe liegt bei 1,6 Millimetern. Allerdings werden mindestens 2 bis 3 Millimeter empfohlen. Dein Fahrzeug sollte idealerweise Reifen mit einem Luftdruck von etwa 2,5 Bar haben. Du findest den empfohlenen Luftdruck in der Bedienungsanleitung deines Autos oder an einer Informationstafel, die sich an der Fahrertür oder am Tankdeckel befindet. Zur Kontrolle des Luftdrucks stehen dir an den meisten Tankstellen Messgeräte mit integrierten Luftkompressoren zur Verfügung. Darüber hinaus solltest du immer auf äußerlich sichtbare Schäden an deinen Reifen achten – wie beispielsweise Risse, Beulen oder eingeklemmte Fremdkörper im Reifenprofil.

Zum Video

Unterschiede bei Sommer- und Winterreifen: Unten siehst du links einen Sommerreifen und rechts einen Winterreifen. Sommerreifen sind aus einer härteren Gummimischung hergestellt und weisen weniger Lamellen (die kleinen Einschnitte in den Reifenblöcken) auf. Sie sind für warme Bedingungen optimiert, bieten eine hohe Stabilität und gute Straßenhaftung.

Winterreifen, die du rechts siehst, sind aus einer weicheren Gummimischung gefertigt. Ihre Lauffläche hat mehr Lamellen, die sich besser in Schnee und Eis verkrallen und somit für besseren Grip und Traktion sorgen. Zusätzlich haben sie oft ein tieferes Profil, um Schlamm und Schnee besser verdrängen zu können. Ein weiteres Erkennungsmerkmal ist das Schneeflocken- oder M+S-Symbol auf Winterreifen.

Wann muss dieses Fahrzeug zur nächsten Hauptuntersuchung?

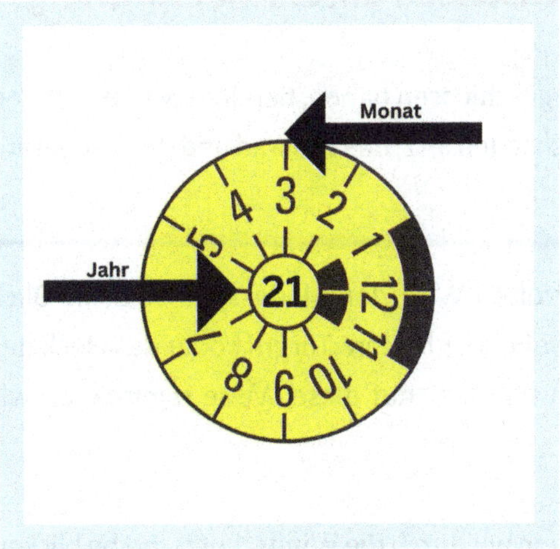

In Deutschland ist eine technische Überprüfung durch den TÜV für Fahrzeuge alle zwei Jahre vorgeschrieben, mit Ausnahme von Neufahrzeugen, bei denen die Erstuntersuchung erst nach drei Jahren stattfindet. Auf der Plakette wird im inneren Kreis das Jahr und mit der oben stehenden Zahl des äußeren Kreises der Monat, in dem die Gültigkeit deiner Hauptuntersuchung abläuft, angegeben. Die schwarze Markierung ist nur eine Ablesehilfe für die Polizei, weil es so leichter aus größerer Entfernung zu erkennen ist. Wenn man das TÜV-Siegel als Uhr sieht, ist der Bereich zwischen den schwarzen Balken die Fälligkeit für den TÜV. Bei einer Uhr wäre dort die »3«, deswegen ist die Hauptuntersuchung im März dran. Die TÜV-Plaketten wechseln jedes Jahr ihre Farbe.

Zum Video

AUFGEPASST: Unterschätze nicht, wie wichtig es ist, beim Prüfer einen guten ersten Eindruck zu machen. Dadurch fühlst du dich wohler in deiner Haut und steigerst dein Selbstvertrauen. Außerdem senkt sich dadurch deine Nervosität, und du neigt weniger dazu, unnötige Fehler zu begehen. Wenn man von Anfang an in der Lage ist, Fragen zu beantworten, wirkt sich das positiv aus. Darüber können Pluspunkte, die man am Anfang sammelt, dazu beitragen, dass kleinere Missgeschicke während der Prüfung vergeben werden. Es ist jedoch wichtig zu verstehen, dass das Nichtbeantworten von Fragen nicht zwangsläufig zu einem sofortigen Durchfallen führt, denn das Gesamtbild zählt. Wenn du also eine Antwort nicht weißt: Ruhe bewahren, mach einfach weiter und bleib optimistisch!

6.3 Durchführung der praktischen Führerscheinprüfung

Nachdem wir die Vorbereitungen abgeschlossen haben, bereiten wir uns auf den Straßenverkehr vor, indem wir zunächst den Sitz, das Lenkrad und die Spiegel auf uns einstellen.

Bei den Außenspiegeln legen wir großen Wert darauf, dass der seitliche Blick möglichst weit nach außen reicht, wobei der hintere Türgriff oder das Heck des Fahrzeugs noch im Sichtfeld liegen müssen. Auf diese Weise minimieren wir effektiv den toten Winkel.

Die korrekte Sitzhöhe ist erreicht, wenn wir durch die Windschutzscheibe blicken und unsere Augen sich auf halber Höhe davon befinden. Zusätzlich stellen wir die Neigung der Sitzfläche so ein, dass die Vorderkante nicht auf die Oberschenkel drückt und wir die Pedale vollständig durchdrücken können, ohne unsere Beine vollständig zu strecken.

Wir passen das Lenkrad so an, dass es für eine entspannte Haltung sorgt, wobei wir darauf achten, dass die Armaturen gut sichtbar sind. Unsere Schultern sollten immer Kontakt zur Lehne haben, auch wenn wir unser Handgelenk probehalber auf den Lenkradkranz legen.

Bevor wir uns auf die Straße begeben, schnallen wir uns an und starten den Motor. Das Licht wird auch eingeschaltet, um sicherzustellen, dass wir gut sichtbar sind. Bevor wir jedoch tatsächlich losfahren, wenden wir den Spiegel-Schulterblick an, um sicherzustellen, dass wir niemanden gefährden.

Während der Fahrt gibt der Prüfer die Fahrtrichtung vor und achtet auf unsere Fahrweise. Dabei achtet er auf mehrere Dinge. Dazu gehört unsere Verkehrsbeobachtung: Der Prüfer muss erkennen, dass wir vorausschauend fahren und die toten Winkel regelmäßig überprüfen. Eine korrekte Fahrzeugpositionierung, etwa beim Rückwärtsfahren in einem engen Bogen, ohne den Bordstein zu berühren, ist ebenfalls von entscheidender Bedeutung.

Zusätzlich zu den genannten Aspekten beurteilt der Prüfer auch deine Manövrierfähigkeiten. Dazu zählt, wie du das Fahrzeug im Verkehrsfluss lenkst und wie sicher und kompetent du mit den unterschiedlichen Bedienelementen im Fahrzeug umgehst. Dies umfasst die richtige Anwendung von Gas, Bremse, Kupplung und Lenkung sowie die Bedienung der verschiedenen Schalter und Hebel des Autos, einschließlich Blinker, Scheibenwischer und Lichtschalter. Darüber hinaus erwartet der Prüfer, dass du deine Geschwindigkeit an die jeweilige Verkehrssituation anpasst, effektiv mit anderen Verkehrsteilnehmern kommunizierst und eine umweltbewusste Fahrweise zeigst, beispielsweise durch rechtzeitiges Hochschalten, um den Kraftstoffverbrauch zu minimieren. Alle diese Faktoren spielen eine entscheidende Rolle bei der Beurteilung deiner Fähigkeiten zur sicheren und effektiven Teilnahme am Straßenverkehr und letztlich bei der Entscheidung über den Erfolg deiner Prüfung.

6.4 Grundfahraufgaben

Im Rahmen der Fahrprüfung gibt es fünf Grundfahraufgaben, der Prüfer wird dich drei von diesen ausführen lassen. Bei Parkmanövern erhältst du zwei Korrekturversuche, um dein Fahrzeug ordnungsgemäß einzuparken.

1. **Rückwärtsfahren nach rechts unter Ausnutzung einer Einmündung, Kreuzung oder Einfahrt**
   Aktion: Rückwärts rechts um die Ecke fahren, engen Bogen einhalten, Rechtsfahrgebot beachten, ohne auf den Bordstein oder die Fahrbahnbegrenzung aufzufahren.

Zum Video

FEHLER, AUF DIE DER PRÜFER ACHTET: unzureichende Verkehrsbeobachtung, Nichtbeachten des Rechtsfahrgebots, Auf- oder Überfahren des Bordsteins oder der Fahrbahnbegrenzung, ein nicht annähernd paralleles Fahren zum Bordstein oder zur Fahrbahnbegrenzung (maximal 30 cm Abstand).

2. Rückwärtsfahren in eine Parklücke (Längsaufstellung)

Aktion: Fahrzeug rückwärts in eine etwa acht Meter lange Parklücke manövrieren.

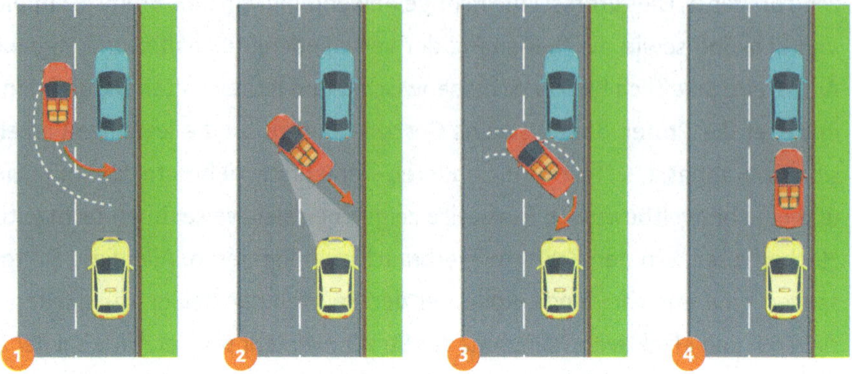

Schritt 1: Blinken und Positionieren

Setze deinen Blinker rechts und fahre neben das Fahrzeug, das vor dem freien Parkplatz steht. Stelle sicher, dass die Außenspiegel deines Fahrzeugs ungefähr auf gleicher Höhe mit denen des parkenden Fahrzeugs sind. Halte einen Seitenabstand von etwa einem halben Meter ein. Dann lege den Rückwärtsgang ein und fahre unter ständiger Beobachtung des Verkehrs vorsichtig rückwärts, bis die B-Säule deines Fahrzeugs auf Höhe des Endes des geparkten Fahrzeugs ist.

Schritt 2: Einlenken und Zurücksetzen

Jetzt lenke vollständig nach rechts und fahre weiter rückwärts, wobei du immer noch auf den Verkehr und mögliche Hindernisse achten solltest. Fahre so lange zurück, bis der Außenspiegel auf der Beifahrerseite ungefähr auf Höhe des linken Rückfahrscheinwerfers des geparkten Fahrzeugs ist.

Schritt 3: Ausrichten des Fahrzeugs

Lenke nun vollständig nach links ein und fahre weiter rückwärts. Während du dies tust, wird die Front deines Fahrzeugs weiter nach links, also in Richtung der Fahrbahn, ausbrechen. Du musst besonders vorsichtig sein und sicherstellen, dass du niemanden gefährdest. Weiterhin schwenkst du das Heck deines Fahrzeugs in die Parklücke und richtest es parallel zum Bordstein aus. Fahre so lange zurück, bis dein Fahrzeug in der Parklücke gerade steht.

Schritt 4: Kontrolle des Parkvorgangs

Stelle sicher, dass dein Fahrzeug korrekt geparkt ist. Es sollte gerade stehen und der Abstand zum Bordstein sollte nicht mehr als 30 cm betragen. Bereite dich nun darauf vor, wieder in den fließenden Verkehr einzufahren. Setze den Blinker nach links, um andere Verkehrsteilnehmer auf deine Absicht aufmerksam zu machen. Beobachte den Verkehr genau und wenn du sicher bist, dass der Weg frei ist, fahre vorsichtig aus der Parklücke heraus.

Zum Video

FEHLER, AUF DIE DER PRÜFER ACHTET:
unzureichende Verkehrsbeobachtung, Auf- oder Überfahren des Bordsteins oder der Fahrbahnbegrenzung, fehlerhafte Endstellung.

3. Einfahren in eine Parklücke (Quer- oder Schrägaufstellung)

Aktion: Vorwärts oder rückwärts in eine Parklücke einfahren, die quer oder schräg zur Fahrbahn markiert ist.

Schritt 1: Auswählen und korrektes positionieren

Beim Vorbeifahren an der Parklücke solltest du einen Abstand von ungefähr einer Fahrzeugbreite zu den parkenden Fahrzeugen einhalten. Setze deinen Blinker nach rechts, sobald du an der Parklücke vorbeifährst, um deine Absicht zu signalisieren. Fahre etwa zwei Fahrzeugbreiten an der Parklücke vorbei. Positioniere dein Fahrzeug so, dass die B-Säule – der Bereich in der Mitte deines Fahrzeugs zwischen der vorderen und hinteren Tür – im letzten Viertel des zweiten Fahrzeugs nach der Parklücke steht.

Schritt 2: Einleiten des Parkvorgangs

Lege den Rückwärtsgang ein. Lenke vollständig nach rechts und beginne, langsam rückwärts zu fahren. Achte dabei stets auf den Verkehr und Fußgänger. Nutze deine Außenspiegel, um sicherzustellen, dass der Seitenabstand zu den parkenden Fahrzeugen ausreichend ist. Fahre zurück, bis dein Fahrzeug parallel zu den anderen Fahrzeugen steht.

Schritt 3: Ausrichten des Fahrzeugs

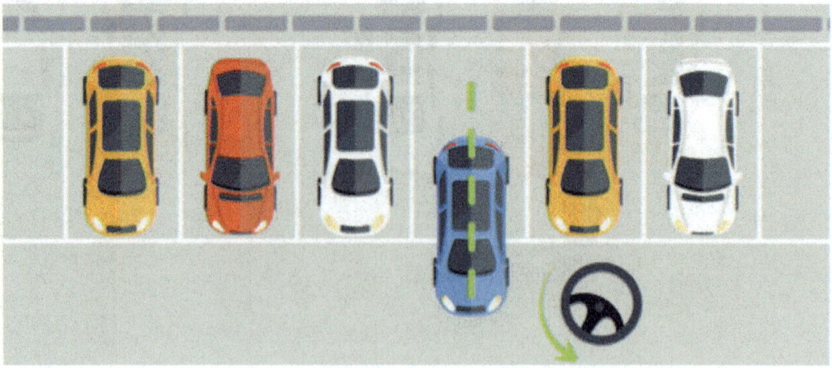

Sobald dein Fahrzeug parallel zu den anderen geparkten Fahrzeugen steht, drehe das Lenkrad nach links, bis es gerade ist.

Schritt 4: Einnehmen der endgültigen Parkposition

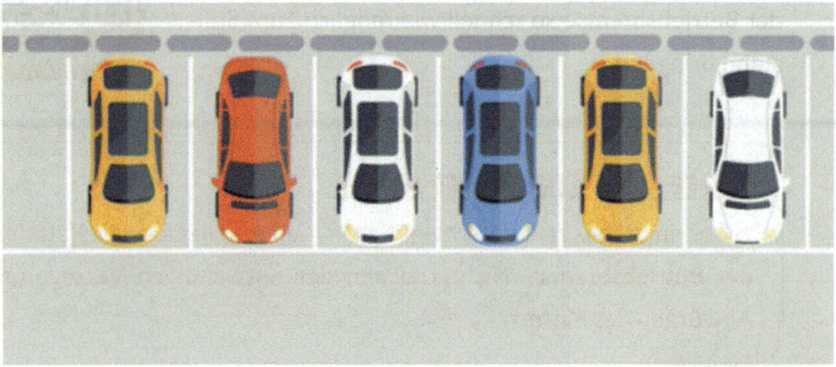

Fahre nun vorsichtig weiter rückwärts, bis du die endgültige Parkposition erreicht hast. Achte darauf, dass dein Fahrzeug gerade steht und du einen angemessenen Abstand zu den anderen Fahrzeugen und zum Bordstein eingehalten hast.

Zum Video

FEHLER, AUF DIE DER PRÜFER ACHTET:
unzureichende Verkehrsbeobachtung, nicht ausreichender Seitenabstand, Fahrzeugumriss ragt über die markierte Parkfläche hinaus.

4. **Umkehren**

   Aktion: Eine geeignete Stelle und Methode zum Umkehren selbst auswählen, etwa einen Parkplatz, Stellplatz, Kreisverkehr finden oder um den Block fahren.

Zum Video

FEHLER, AUF DIE DER PRÜFER ACHTET:
unzureichende Verkehrsbeobachtung, unzulässiges Abweichen vom Rechtsfahrgebot. Besonderer Wert wird hier auf das selbstständige Auswählen gelegt.

5. **Abbremsen mit höchstmöglicher Verzögerung (Gefahrenbremsung)**
Aktion: Fahrzeug durch Betätigen der Kupplung und der Betriebsbremse so schnell wie möglich zum Stillstand bringen.

Zum Video

FEHLER, AUF DIE DER PRÜFER ACHTET:
zu geringe Ausgangsgeschwindigkeit, kein schlagartiges Betätigen der Betriebsbremse, Nichterreichen der notwendigen Verzögerung, Abwürgen des Motors.

6.5 Häufige Stolperfallen in der Prüfung

Obwohl du dich durch zahlreiche Fahrstunden und Theorieunterricht auf die praktische Führerscheinprüfung vorbereitet hast, gibt es einige Stolperfallen, die du leicht übersehen könntest. Hier sind einige Punkte, die du beachten solltest, um diese Herausforderungen zu meistern und deine Prüfung erfolgreich zu bestehen:

1. **Schilder lesen:**

Lies immer die Verkehrsschilder von unten nach oben und beachte die Zusatzschilder, wie zum Beispiel das Schild »80 km/h bei Nässe«. Du darfst nicht plötzlich abbremsen, wenn es nicht nass ist.

Zum Video

2. Stoppschild beachten:

Bei einem Stoppschild musst du vollständig an der Haltlinie anhalten, selbst wenn kein anderer Verkehrsteilnehmer sichtbar ist. Es gilt ein Halteverbot bis zu zehn Meter vor dem Schild. Sollte keine Haltlinie vorhanden sein, musst du dich vorsichtig bis zur sogenannten Sichtlinie vorarbeiten. Die Sichtlinie ist eine imaginäre Linie, von der aus du den Querverkehr einsehen kannst. In einigen Fällen gibt es zwei Haltlinien: eine für Autos und eine weitere für Fahrradfahrer, die weiter vorne liegt. In diesem Fall ist es besonders wichtig, dass du an der richtigen Haltlinie anhältst – also an der ersten für Autos. Die vordere Haltlinie ist speziell für Radfahrer vorgesehen.

In der Fahrprüfung wird das Stoppschild leider oft von Fahrschülern übersehen, was unweigerlich zum sofortigen Nichtbestehen der Prüfung führt. Daher ist es besonders wichtig, bei Stoppschildern immer bewusst und korrekt zu handeln und sich an der richtigen Haltlinie zu orientieren, wenn zwei vorhanden sind.

3. Überholen von anderen Verkehrsteilnehmern:

In der Prüfung sollten wir nur dann überholen, wenn es wirklich erforderlich und auch möglich ist. Dabei müssen wir den vorgeschriebenen Seitenabstand von einem Meter stets einhalten. Ebenso wichtig ist es, sicherzustellen, dass es keine Überholverbote gibt, die durch Verkehrsschilder angezeigt oder mit durchgestrichenen Fahrbahnmarkierungen gekennzeichnet sind. Wir dürfen auf keinen Fall den Gegenverkehr und andere Verkehrsteilnehmer gefährden oder die zulässige Höchstgeschwindigkeit überschreiten. Wenn du dir nicht sicher bist, bleib ruhig und geduldig hinter dem vorausfahrenden Fahrzeug, bis sich eine sichere Überholmöglichkeit ergibt. Außerdem ist es wichtig zu beachten, dass das Überholen unmittelbar vor einem Zebrastreifen nicht zulässig ist.

ACHTUNG: Beim Überholen von Radfahrern musst du besonders vorsichtig sein und einen Mindestabstand von 1,5 Metern innerorts und zwei Metern außerorts einhalten. Beim Abbiegen, bei Spurwechseln und beim Überholen ist der Blick über die Schulter notwendig, um andere Verkehrsteilnehmer nicht zu gefährden. Schau zuerst in den Innen- und in die Außenspiegel, setze anschließend den Blinker und sichere dich mit dem Schulterblick ab, bevor du das Lenkrad bewegst. Lass dich nicht von ungeduldig hupenden oder drängelnden Fahrern oder Fahrerinnen aus der Ruhe bringen. Ein Fehler beim Überholen kann direkt zum Nichtbestehen der Prüfung führen.

Zum Video Zum Video Zum Video

4. **Fahrzeugabstand einhalten:**

Es ist von entscheidender Bedeutung, dass du stets den richtigen Abstand zum vorausfahrenden Fahrzeug einhältst. Innerorts sollte dieser Abstand etwa 15 Meter oder rund drei Fahrzeuglängen betragen. Auf Landstraßen und Autobahnen gilt die Faustregel, dass der Abstand zum vorausfahrenden Fahrzeug in Metern mindestens die Hälfte deines Tachowertes betragen sollte. Das bedeutet: Wenn du beispielsweise mit einer Geschwindigkeit von 100 km/h unterwegs bist, solltest du einen Mindestabstand von 50 Metern einhalten. Als Orientierungshilfe für diese Distanz können die Leitpfosten am Straßenrand dienen, die gewöhnlich in einem Abstand von etwa 50 Metern zueinander stehen. Demnach sollte mindestens ein Leitpfosten zwischen dir und dem vorausfahrenden Fahrzeug liegen. Zusätzlich gibt es außerorts noch die sogenannte »Zwei-Sekunden-Regel«. Hierbei wählst du einen festen Punkt an der Fahrbahn, zum Beispiel einen Baum, eine Brücke oder einen Leitpfosten, und beginnst zu zählen, sobald das vorausfahrende Fahrzeug diesen Punkt passiert hat. Zählst du langsam »21, 22, 23« und erreichst den ausgewählten Punkt erst bei »23«, hältst du einen angemessenen Sicherheitsabstand von etwa zwei Sekunden ein. Diese Regel bietet einen guten Richtwert zur Einhaltung des nötigen Sicherheitsabstandes.

Zum Video

5. Vorsicht bei Bussen:

Bei Bussen mit eingeschaltetem Warnblinklicht ist besondere Vorsicht geboten. Unabhängig davon, ob sie in deiner Fahrspur oder im Gegenverkehr stehen, darfst du sie nicht schneller als in Schrittgeschwindigkeit passieren. Diese Vorschrift dient dem Schutz von Fahrgästen, die möglicherweise ein- oder aussteigen.

6. Durchgezogene Fahrstreifenbegrenzungen:

Durchgezogene Linien auf der Fahrbahn sind ein klares Signal: Du darfst sie nicht überfahren. Der Prüfer könnte dich dazu auffordern, bei der nächsten Gelegenheit abzubiegen. Es liegt jedoch in deiner Verantwortung, immer darauf zu achten, ob die Fahrstreifenführung dies überhaupt zulässt. Ist dies nicht der Fall, solltest du trotz der Aufforderung weiter geradeaus fahren.

Zum Video

7. Kurve (rechts oder links):

An gefährlichen, speziell beschilderten Kurven solltest du stets deine Geschwindigkeit rechtzeitig anpassen. Diese Schilder sind dort platziert, um dich vor potenziell gefährlichen Situationen zu warnen und dir zu helfen, sicher zu fahren. Denke daran, dass das zu schnelle Fahren in einer Kurve zu einem Kontrollverlust über dein Fahrzeug führen kann, insbesondere bei schlechten Wetterbedingungen oder auf rutschigen Straßen

8. **Umgang mit Sperrflächen:** Sperrflächen auf der Fahrbahn sind in der Regel durch Schraffuren gekennzeichnet und dürfen grundsätzlich nicht befahren werden. Ansonsten ist es wichtig, diese Flächen zu respektieren und nicht zu befahren. Die Situation im Straßenverkehr könnte zum Beispiel folgendermaßen aussehen:

Zum Video

Diese Sperrfläche darfst du nicht überfahren, der Richtungspfeil leitet uns links auf die Fahrbahn.

9. **Durchfahrt beziehungsweise Einfahrt verboten:** Zu Beginn deiner Fahrprüfung wird der Prüfer dich darauf hinweisen, dass du während der Prüfungsfahrt möglicherweise auf Straßen zufahren könntest, für die ein Durchfahrtsverbot besteht. Es liegt in deiner Verantwortung, stets aufmerksam die Straßenschilder zu prüfen und solche Verbotszonen eigenständig zu erkennen. Der Prüfer könnte dich zu so einer Straße navigieren wollen. Stößt du jedoch auf ein Durchfahrt-verboten-Schild, solltest du selbstständig handeln und den Prüfer darauf hinweisen, dass du hier nicht weiterfahren darfst. Frage ihn in diesem Fall, welche alternative Route er bevorzugt. Fehler in diesem Bereich, wie das Missachten von Durchfahrtsverboten, führen unmittelbar zum Nichtbestehen der Prüfung. Daher solltest du dich gründlich mit den Verkehrsschildern vertraut machen, insbesondere mit denen, die Einschränkungen und Verbote signalisieren.

Durchfahrt verboten, Anlieger frei: Auch wenn du in dem betreffenden Bereich wohnen solltest, musst du beachten, dass während deiner Fahrprüfung Neutralität gilt. Dies bedeutet, dass du unabhängig von deinem Anliegerstatus nicht in eine Straße einfahren darfst, die nur für Anlieger freigegeben ist.

Verbot für Kraftfahrzeuge: Es dürfen keine Krafträder, Mofas oder Kraftwagen einfahren.

Verbot für mehrspurige Kfz und Motorräder: Wir dürfen hier nicht einfahren. Dieses Verbot gilt für Fahrzeuge aller Art und Fahrradfahrer.

Einfahrt verboten für Fahrzeuge aller Art: Das Einfahrtsverbotsschild gibt an, dass ein Verkehrsweg aus einer Richtung nicht befahren werden darf. In der Regel findet sich dieses Zeichen am anderen Ende einer Einbahnstraße.

MERKE: Rund und rot = »Durchfahrtverbot«

Zum Video | Zum Video | Zum Video

10. **Fußgänger- und Fahrradzonen:** Hier befindet sich eine Fußgängerzone, wir dürfen also nicht einfahren

Fußgängerzone: Wir dürfen also nicht einfahren.

Zum Video

Fahrradstraße: Diese sind in den letzten Jahren immer häufiger geworden. Das Befahren dieser Straßen ist im Grundsatz verboten, es sei denn, du bist Anlieger. Während der Fahrprüfung solltest du jedoch beachten, dass du als neutraler Teilnehmer angesehen wirst und daher nicht die Rechte eines Anliegers hast. Das bedeutet, du darfst diese Straßen unter keinen Umständen befahren. Ein Verstoß gegen diese Regel während der Prüfung führt zum sofortigen Nichtbestehen. Daher ist es sehr wichtig, die Verkehrsschilder sorgfältig zu lesen und entsprechend zu handeln.

ACHTUNG: Wegen des erhöhten Aufkommens an Fahrradfahrern, solltest du besonders in der Nähe von Fahrradstraßen äußerste Aufmerksamkeit walten lassen. Insbesondere beim Abbiegen gilt höchste Alarmbereitschaft, da Fahrradfahrer oft aus beiden Richtungen kommen können. Fahrradstraßen erfordern von Autofahrern ein hohes Maß an Aufmerksamkeit und Rücksichtnahme.

Zum Video

6.6 Umgang mit schwierigen Verkehrssituationen

Jetzt, wo wir den grundlegenden Ablauf der praktischen Prüfung durchgegangen sind, möchten wir euch einige knifflige Verkehrssituationen zeigen. Diese Situationen haben in der Vergangenheit dazu geführt, dass einige meiner Fahrschüler die Prüfung nicht bestanden haben. Es ist wichtig, diese Fehler zu erkennen und zu verstehen, um sie in der eigenen Prüfung zu vermeiden.

In diesem Fall ist die Ampel außer Betrieb. Daher ist das Stoppschild für uns von Bedeutung. Wir müssen an der Haltlinie vollständig zum Stehen kommen und uns vergewissern, dass unser Abbiegevorgang keine Gefahr für andere Verkehrsteilnehmer darstellt. Es ist äußerste Wachsamkeit erforderlich, da jederzeit eine Straßenbahn einfahren könnte. Daher ist es absolut notwendig, den Spiegel-Schulterblick durchzuführen.

Zum Video

In dieser spezifischen Situation wird der Prüfer voraussichtlich keine Anweisungen geben. Normalerweise bedeutet das, dass wir weiter geradeaus fahren sollten. Hier ist jedoch ein Durchfahrt-verboten-Schild angebracht, ergänzt durch ein Anlieger-frei-Schild. Dies bedeutet, dass wir nicht geradeaus fahren dürfen, es sei denn, wir sind Anlieger. Stattdessen müssen wir auf eigene Initiative nach links abbiegen. Es ist wichtig zu beachten, dass das Durchfahrt-verboten-Schild in dieser Situation schon älter ist und der Farbton im Laufe der Zeit verblasst ist. Dies kann die Erkennbarkeit des Schildes beeinträchtigen, jedoch ist es von entscheidender Bedeutung, dass wir es trotz seiner verblassten Farbe korrekt identifizieren. Das Stoppschild an der Ampel ist in diesem Fall nicht zu beachten, da es nur gilt, wenn die Ampel außer Betrieb ist.

Zum Video

In dieser Situation wird der Prüfer wahrscheinlich keine Anweisungen geben, was normalerweise bedeutet, dass wir geradeaus weiterfahren sollten. Jedoch stellt dies eine recht komplexe Prüfungssituation dar. Direkt vor uns befindet sich ein Schild, welches das Durchfahren für mehrspurige Kraftfahrzeuge oder Motorräder untersagt. Es ist äußerst wichtig, dieses Schild zu beachten. Daher sollten wir uns, anstatt einfach geradeaus zu fahren, auf unser Wissen und unsere Fähigkeiten verlassen und rechts abbiegen. Diese Situation hat leider bereits zu vielen Durchfallern in der Fahrprüfung geführt. Wir zeigen sie dir hier, damit du darauf vorbereitet bist, wenn du auf eine solche Situation triffst.

Zum Video

Der Prüfer wird auch hier keine Hinweise geben und stattdessen genau beobachten, wie wir auf die Situation reagieren. Geradeaus ist ein Einfahrt-verboten-Schild angebracht, was bedeutet, dass wir in diese Richtung nicht fahren dürfen. Die Querstraße ist als Fahrradstraße ausgewiesen und nur für Anlieger freigegeben. Daher sind wir auch nicht berechtigt, nach links oder rechts abzubiegen. Die einzige verbleibende Option in dieser Kreuzung ist das Wenden beziehungsweise Umkehren. Aber auch das muss sorgfältig und unter Beachtung aller Verkehrssicherheitsregeln erfolgen. Wir müssen uns zunächst vergewissern, dass wir beim Wenden keine anderen Verkehrsteilnehmer gefährden oder behindern. Dazu gehört auch, dass wir rechtzeitig blinken und den Spiegel-Schulterblick anwenden, um sicherzustellen, dass der Bereich hinter und neben uns frei von anderen Fahrzeugen, Radfahrern oder Fußgängern ist. Es ist außerdem wichtig, dass wir beim Wenden oder Umkehren keine umliegenden Fahrzeuge berühren. Jeder dieser Fehler könnte dazu führen, dass wir die Prüfung nicht bestehen.

Zum Video

Es ist wichtig zu beachten, dass solche Szenarien mit Einsatzfahrzeugen in den Fahrstunden nur selten geübt werden können. Daher ist es umso wichtiger, dass du dich im Voraus mit diesen Möglichkeiten auseinandersetzt und weißt, wie du dich in solchen Situationen verhalten sollst. Denn nur so kannst du in diesen kritischen Momenten richtig und sicher handeln. Bewahre zuerst Ruhe. Wenn du abrupt bremst, besteht die Gefahr eines Auffahrunfalls, da der nachfolgende Verkehrsteilnehmer möglicherweise nicht schnell genug reagieren kann. Es ist wichtig, dass du stattdessen deine aktuelle Fahrtrichtung beibehältst und dabei gleichzeitig die Sicherheit priorisierst.

Halte Ausschau nach dem Einsatzfahrzeug. In Städten und auf Autobahnen kann der Verkehr oft unübersichtlich sein, und es ist nicht immer sofort klar, von wo das Einsatzfahrzeug kommt. Du solltest deine Fahrt zunächst fortsetzen, bis du sicher bist, aus welcher Richtung das Fahrzeug kommt.

Beobachte das Einsatzfahrzeug genau. Sobald du das Einsatzfahrzeug entdeckt hast, musst du herausfinden, ob und wie du es behinderst und wohin es fahren möchte. Achte insbesondere auf die Blinker des Einsatzfahrzeugs, um dessen

Fahrtrichtung besser einschätzen zu können und angemessen reagieren zu können. Schaffe Platz für das Einsatzfahrzeug. Es ist gesetzlich vorgeschrieben, dass alle Verkehrsteilnehmer eine freie Bahn für Einsatzfahrzeuge mit Blaulicht und Martinshorn schaffen müssen. Du kannst dies tun, indem du zur Seite fährst und anhältst, sobald es sicher ist.

Das richtige Verhalten gegenüber Einsatzfahrzeugen ist nicht nur während der Fahrprüfung wichtig, sondern auch im alltäglichen Straßenverkehr. Durch dein umsichtiges Handeln trägst du dazu bei, die Arbeit von Rettungsdiensten und Polizei zu unterstützen und die Sicherheit aller Verkehrsteilnehmer zu gewährleisten.

6.7 Tipps von FahrlehrerLukas

- **Bereite dich gut vor:** Lerne die Theorie gründlich und nutze jede Möglichkeit, um zu üben. Das Wiederholen der Regeln und Schilder hilft dir, im Straßenverkehr sicherer zu sein.

- **Keine Scheu vor Fragen:** Ein wertvoller Tipp für deine Führerscheinausbildung: Zögere nie, deinen Fahrlehrer um Hilfe oder Klarheit zu bitten, wenn du dir unsicher bist. Es ist seine Aufgabe, dir die Feinheiten des Fahrens beizubringen und dir dabei zu helfen, ein sicherer und kompetenter Fahrer zu werden. Du investierst viel Geld in deine Ausbildung, also habe keine Angst davor, die Fragen zu stellen, die du beantwortet haben möchtest. Nutze jede Lernmöglichkeit voll aus – das ist der Schlüssel zu einer erfolgreichen Fahrausbildung.

- **Verstehe die Verkehrsschilder:** Achte immer auf die Verkehrsschilder und verstehe, was sie bedeuten. Auch wenn ein Schild alt und verblasst ist, gilt es immer noch. Du solltest immer sicherstellen, dass du die Schilder richtig interpretierst. Lies die Schilder von unten nach oben, beachte unbedingt die Zusatzschilder.

- **Achte auf die Details:** Die richtige Fahrzeugbedienung ist wichtig. Vergewissere dich, dass du dich mit deinem Prüfungsfahrzeug vertraut gemacht hast. Vergiss nie, dich anzuschnallen.

- **Bleibe ruhig und konzentriert:** Nervosität kann zu Fehlern führen. Atme tief durch und konzentriere dich auf die Aufgabe.

- **Übe das Rückwärtseinparken und Wenden:** Diese Manöver sind oft schwierig, aber mit Übung wirst du sicherer. Erinnere dich daran, immer den Spiegel-Schulterblick anzuwenden und auf andere Verkehrsteilnehmer zu achten.

- **Sei vorausschauend:** Fahre immer vorausschauend und achte auf andere Verkehrsteilnehmer. So kannst du mögliche Gefahren frühzeitig erkennen und vermeiden. Halte genügend Abstand ein, überhole nur, wenn es erforderlich ist und wenn es die Verkehrslage zulässt.

- **Kommuniziere klar:** Verwende immer Blinker und Handzeichen, um anderen Verkehrsteilnehmern deine Absichten klarzumachen.

- **Sei umweltbewusst:** Achte darauf, wie du fährst. Versuche, möglichst sparsam und umweltschonend zu fahren, indem du richtig schaltest und nicht zu schnell fährst.

- **Behalte die Kontrolle:** In Stresssituationen ist es wichtig, die Kontrolle zu behalten. Wenn du einen Fehler machst, atme tief durch, korrigiere ihn und fahre weiter. Lass dich nicht von deinen Fehlern ablenken.

- **Frage in der Fahrprüfung nach:** Zögere nicht, den Prüfer um Klärung zu bitten, wenn du etwas nicht verstehst. Die Prüfer sind sich bewusst, dass die Prüfungssituation stressig ist, und werden in der Regel bereitwillig noch mal auf deine Fragen eingehen. Es ist besser, einmal mehr nachzufragen, als aus Unsicherheit einen Fehler zu machen. Denke daran: Die Prüfung ist auch eine Gelegenheit für dich, zu lernen und deine Fähigkeiten zu verbessern.

- **Kaue Kaugummi:** Ein nützlicher Tipp zur Bewältigung von Prüfungsangst und Nervosität während deiner Fahrschulprüfung ist das Kauen von Kaugummi. Wissenschaftliche Studien haben gezeigt, dass Kaugummikauen das Gedächtnis und die Konzentration verbessern kann, während es gleichzeitig Stress abbaut. Die Mechanik des Kauens erhöht die Durchblutung des Gehirns, was wiederum die Leistungsfähigkeit der grauen Zellen vorübergehend erhöht. Dadurch kannst du während der Prüfung »schlauer« sein, weil du deine Konzentrationsfähigkeit und Erinnerungsfähigkeit steigerst.

- **Prüfungsszenario nachstellen:** Führe zusammen mit deinem Fahrlehrer in der letzten Fahrstunde eine Prüfungssimulation durch! Diese Simulation gibt dir das Gefühl, in einer realen Prüfungssituation zu sein und hilft dir, dich besser auf den eigentlichen Prüfungstag vorzubereiten.

Bitte deinen Fahrlehrer, den »Pieper« oder die Stoppuhr einzuschalten und die Fahrt genau so zu gestalten, wie es in der Prüfung der Fall wäre. Dabei solltest du, genau wie in der echten Prüfung, vom TÜV-Parkplatz losfahren. Die Fahrt sollte 45 Minuten dauern, und der Fahrlehrer sollte nur eingreifen, wenn ein Fehler auftritt.

Es ist wichtig, dass sich der Fahrlehrer während dieser Simulation genauso verhält wie ein Prüfer während der Prüfung. Das bedeutet, er sollte nicht viel reden oder dir Anweisungen geben, außer es ist absolut notwendig.

Zusätzlich könnte der Fahrlehrer dir vor Beginn der Fahrt einige technische Fragen zum Fahrzeug stellen, genauso wie es in der realen Prüfung der Fall sein könnte. Dadurch hast du die Möglichkeit, dich auf die möglichen Fragen vorzubereiten, und kannst so sicherstellen, dass du alle Antworten weißt.

Durch eine solche Prüfungssimulation kann die letzte Fahrstunde extrem wertvoll sein und dir dabei helfen, dich sicherer und besser auf die bevorstehende Prüfung vorzubereiten.

Zum Video

MEIN WICHTIGSTER RATSCHLAG FÜR DICH IST:

Erfinde nichts Neues! In der Prüfung solltest du dich auf das konzentrieren, was du in der Fahrschule und aus diesem Buch gelernt hast. Der Versuch, neue Konzepte oder Strategien während der Prüfung einzuführen, kann unnötige Komplikationen verursachen. Du hast wertvolles Wissen und Fähigkeiten erworben und solltest darauf vertrauen. Nutze das, was du gelernt und geübt hast. Lass dich nicht von Nervosität oder Unsicherheit dazu verleiten, anders zu handeln, als du es gelernt hast. Erinnere dich immer daran: Die Prüfung ist kein Ort für Erfindungen. Bleib bei dem, was du kennst und beherrschst, und du wirst mit hoher Wahrscheinlichkeit ein positives Ergebnis erzielen.

07

UMGANG MIT PRÜFUNGSANGST

Es ist vollkommen normal, dass du vor deiner Führerscheinprüfung nervös oder sogar ängstlich bist. Die Herausforderung ist real – der Führerschein ist anspruchsvoll und erfordert von dir, dich an eine Vielzahl von Regeln zu erinnern und gleichzeitig sicher und verantwortungsbewusst zu fahren. Es geht nicht nur darum, das Auto zu beherrschen, sondern auch darum, keine anderen Verkehrsteilnehmer zu gefährden.

Aber es ist wichtig zu wissen, dass du nicht sofort der perfekte Fahrer sein musst. Der Prüfer wird nicht erwarten, dass du sofort alles fehlerfrei machst. Er ist sich bewusst, dass du dich noch in der Lernphase befindest. Fahrlehrer erleben nur selten eine perfekte Fahrprüfung. Fahren ist eine Fähigkeit, die du mit Zeit und Erfahrung weiterentwickelst. Das Wichtigste ist, dass du den Lernprozess ernst nimmst und ständig danach strebst, dich zu verbessern.

Und denke daran: Du bist nicht allein. Viele junge Leute, die ihren Führerschein machen, teilen deine Ängste und Nervosität. Es ist Teil des Lernprozesses. Nimm dir also einen Moment Zeit, atme tief durch und erinnere dich daran, dass du auf diesem Weg bist, um zu lernen und zu wachsen. Mit harter Arbeit und der richtigen Einstellung wirst du deine Prüfungsangst überwinden und deinen Führerschein erfolgreich bestehen.

7.1 Ursachen und Symptome von Prüfungsangst

Die Angst vor der Führerscheinprüfung kann aus einer Reihe von Gründen entstehen. Manchmal kann der Druck, in der Prüfung gut abzuschneiden, eine gewisse Angst hervorrufen. Du könntest auch Angst vor dem Unbekannten haben. Die Unvorhersehbarkeit der Situationen auf der Straße könnte dich verunsichern. Es kann sein, dass du jede Situation kontrollieren willst. Es könnte auch sein, dass du Angst davor hast, Fehler zu machen oder zu versagen, was eine ziemlich normale Reaktion auf eine neue und herausfordernde Situation ist.

Ebenso können Geldprobleme zu Prüfungsangst führen. Die Kosten für Führerscheinkurse und -prüfungen können erheblich sein und bei einigen Menschen Angst vor dem Versagen erzeugen, da ein Durchfallen weitere finanzielle Belastungen bedeuten würde. Hinzu kommt, dass du den Führerschein möglicherweise für deinen Job benötigst. Dies kann den Druck erhöhen, da dein Lebensunterhalt und deine berufliche Zukunft von dem erfolgreichen Bestehen der Prüfung abhängen könnten. So können all diese Faktoren dazu beitragen, dass die Prüfungsangst entsteht oder sich verstärkt.

Die Symptome von Prüfungsangst können sowohl körperlich als auch psychisch sein. Körperliche Symptome können Herzrasen, Schweißausbrüche, Übelkeit, Kopfschmerzen oder Zittern sein. Psychisch kannst du dich vielleicht unruhig oder nervös fühlen, Schwierigkeiten beim Konzentrieren oder Schlafen haben, oder du könntest ständig negative Gedanken oder Sorgen haben.

Es ist wichtig, diese Symptome zu erkennen und zu verstehen, dass sie eine natürliche Reaktion auf Stress sind. Mit den richtigen Techniken und Strategien kannst du lernen, sie zu bewältigen und deine Prüfungsangst zu reduzieren.

7.2 Entspannungstechniken und Mentaltraining

Bevor du dich von der Angst vor der Führerscheinprüfung überwältigen lässt, denk daran: Du hast die Kontrolle über deine Einstellung und Reaktion. Lass uns genauer betrachten, wie du darauf Einfluss nehmen kannst:

Optimismus pflegen: Du hast keinen Einfluss darauf, welche Fragen in der Prüfung gestellt werden. Also warum solltest du dir vorher unnötig Sorgen machen? Versuche stattdessen, optimistisch zu sein. Stell dir vor, dass alles gut läuft. Diese positive Einstellung kann beruhigend wirken und dich motivieren. Selbst wenn du dir Sorgen machst, erinnere dich daran, dass du gut vorbereitet bist – und sage dir: »Ich schaffe das!«

Unrealistische Ängste entkräften: Es ist leicht, sich in der Angst zu verlieren, dass diese Prüfung über dein gesamtes Leben entscheidet. Aber das ist nicht der Fall. Schreibe deine konkreten Sorgen auf und konfrontiere sie mit der Realität. Du wirst sehen, dass diese Prüfung nicht das Ende der Welt ist. Viele Menschen vor dir haben sie erfolgreich gemeistert – und das wirst du auch!

Atemtechnik zur Stressreduktion: Dein Atem ist ein mächtiges Werkzeug zur Entspannung. Indem du tief und bewusst atmest, kannst du dich von der Stresssituation lösen und klarer denken. Hier ist eine einfache Atemtechnik zur Stressreduktion:

1. Setze oder stelle dich aufrecht hin, damit du frei atmen kannst.
2. Atme etwas tiefer als gewöhnlich ein.
3. Atme die Luft kraftvoll wieder aus.
4. Halte den Atem für sechs bis zehn Sekunden an (was immer für dich bequem ist).

Wiederhole die Schritte zwei bis vier für etwa zwei bis fünf Minuten. Übe diese Technik vor der Prüfung, damit sie bei Bedarf schnell zur Verfügung steht. Mit der Zeit wird diese Übung zu einer natürlichen Reaktion auf Stress und hilft dir, dich auf die bevorstehende Herausforderung zu konzentrieren.

7.3 Aufbau von Selbstvertrauen

Vertrauen ist das Schlüsselwort, wenn es um die Vorbereitung und Durchführung deiner Führerscheinprüfung geht. Du hast allen Grund, in deine Fähigkeiten zu vertrauen! Du hast intensiv auf diesen Moment hingearbeitet, sowohl theoretisch als auch praktisch. Du hast die notwendigen Fähigkeiten, um zu bestehen. Darüber hinaus solltest du bedenken, dass dein Fahrlehrer dich nicht zur Prüfung zulassen würde, wenn er sich nicht sicher wäre, dass du diese auch bestehen kannst. Fahrlehrer sind Profis, die aufgrund ihrer Erfahrung und ihrer Kenntnisse über deine Fähigkeiten eine genaue Einschätzung treffen können. Wenn dein Fahrlehrer dir einen Prüfungstermin gibt, bedeutet das, dass er oder sie glaubt, dass du bereit bist und alle notwendigen Fähigkeiten besitzt, um die Prüfung zu bestehen. Das sollte dir zusätzliches Selbstvertrauen geben und dir helfen, eventuelle Prüfungsängste zu reduzieren.

Es ist absolut verständlich und normal, dass du dich noch nicht als perfekten Fahrer siehst – das ist vollkommen in Ordnung. Kein Mensch geht davon aus, dass du sofort ein Meister am Steuer bist. Das Wichtigste ist, dass du die Verkehrsregeln befolgst und das Gelernte anwendest. Die dir vermittelten Kenntnisse sollten in die Praxis umgesetzt werden. Wir dürfen nur niemals aus den Augen verlieren, dass Sicherheit das oberste Gebot auf der Straße ist. Dies ist kein leeres Gerede, sondern fest in den Grundprinzipien der Straßenverkehrsordnung (StVO) verankert: »Die Teilnahme am Straßenverkehr erfordert ständige Vorsicht und gegenseitige Rücksicht. Wer am Verkehr teilnimmt, hat sich so zu verhalten, dass kein Anderer geschädigt, gefährdet oder mehr, als nach den Umständen unvermeidbar, behindert oder belästigt wird.«

Diese Grundsätze sind nicht nur Vorschriften, sie sind eine Anleitung für eine sichere und verantwortungsvolle Fahrweise. Es liegt in unserer Hand, sie umzusetzen und dadurch zu einer sichereren Straßenverkehrsumgebung beizutragen.

Es ist unerlässlich, dass wir uns selbst und andere Verkehrsteilnehmer nicht in Gefahr bringen. Dein Handeln am Steuer sollte immer auf das Wohl aller abzielen. Das Erlernen des Fahrens ist ein Prozess, der Zeit und Übung erfordert. Anfangs mag es noch etwas unsicher sein, aber mit mehr Praxis wirst du dich immer wohler und selbstsicherer fühlen.

Sei nicht zu hart zu dir selbst. Du befindest dich in einer spannenden Phase deines Lebens und erlernst eine völlig neue Fähigkeit. Es ist in Ordnung, nicht perfekt zu sein. Sei geduldig mit dir selbst und erinnere dich daran, dass jeder Fahrer einmal dort war, wo du jetzt bist.

Während der Prüfung: Behandle den Prüfer einfach wie einen stillen Mitfahrer und fahre so, als ob du eine normale Fahrstunde absolvierst. Du weißt, was zu tun ist. Fahre aufmerksam und vertraue auf deine Fähigkeiten. Du hast es gelernt und kannst es!

Denk daran: Du hast das Zeug dazu, diese Prüfung zu bestehen und ein verantwortungsvoller Fahrer zu werden. Glaub an dich! Viel Erfolg bei deiner Prüfung!

08

NACH DER FAHRPRÜFUNG

Endlich hast du es geschafft – der Führerschein ist in der Tasche! Doch nach der Prüfung ist vor der realen Fahrpraxis. Von nun an bist du auf dich selbst angewiesen, denn es gibt keinen Fahrlehrer mehr, der im kritischen Moment eingreifen könnte. Du hast jetzt die Kontrolle und die Verantwortung am Steuer. Hier sind ein paar Hinweise für die ersten Schritte als frisch gebackener Autofahrer.

8.1 Fahrzeugauswahl für Fahranfänger – Wertverlust berücksichtigen

Die Auswahl des ersten eigenen Autos ist aufregend und wichtig zugleich. Während du dich vielleicht von einem funkelnagelneuen Wagen angezogen fühlst, kann es finanziell klüger sein, sich für einen Gebrauchtwagen zu entscheiden.

Insbesondere Fahrzeuge, die vier bis sechs Jahre alt sind und zwischen 50 000 und 100 000 km auf dem Tacho haben, könnten eine gute Wahl sein. Warum? Der größte Wertverlust ist bei diesen Autos bereits erfolgt, während die Wahrscheinlichkeit für größere Reparaturen noch relativ gering ist.

Achte bei der Auswahl darauf, dass das Fahrzeug unfallfrei ist, denn dies erhöht den Wiederverkaufswert. Ein sorgfältig geführtes Scheckheft, das belegt, dass das Auto regelmäßig gewartet und inspiziert wurde, ist ebenfalls ein Pluspunkt.

Für zusätzliche Sicherheit könnte es sinnvoll sein, das Auto von einem Gebrauchtwagenhändler zu kaufen. Dieser ist gesetzlich verpflichtet, dir eine Gewährleistung von zwölf Monaten auf das Fahrzeug zu geben. Bei teureren Fahrzeugen könnte eine zusätzliche Gebrauchtwagengarantie hilfreich sein, um vor unerwarteten Kosten geschützt zu sein.

Aber Vorsicht: Auch bei Händlern gibt es schwarze Schafe. Informiere dich also vor dem Kauf über den Ruf des Autohändlers, zum Beispiel durch Online-Bewertungen. Mache immer eine Probefahrt, am besten in Begleitung eines erfahrenen Fahrers. Ein unabhängiger Check des Fahrzeugs durch eine Organisation wie die DEKRA kann eine sinnvolle Investition sein.

Falls du dich für ein Fahrzeug aus dem Ausland interessierst, gibt es ein weiteres wichtiges Detail zu beachten: den sogenannten CARFAX-Bericht. Dieser Bericht ist insbesondere bei US-Autos sehr aufschlussreich und zeigt die Fahrzeughistorie an.

Wie funktioniert das? Du gibst die Fahrgestellnummer (VIN) des Autos ein und erhältst Informationen darüber, ob das Fahrzeug bereits in Unfälle verwickelt war, wie viele Kilometer es gefahren hat und wann es gebaut wurde. Dies ist besonders wichtig, wenn es sich um ein Reimport handelt.

Ein Auto aus dem Ausland zu kaufen, kann durchaus Vorteile haben, aber es ist absolut notwendig, alle notwendigen Informationen über das Fahrzeug zu erhalten. Ein CARFAX-Bericht ist ein hilfreiches Werkzeug, das dir dabei helfen kann, eine fundierte Entscheidung zu treffen. Vergiss also nicht, einen solchen Bericht anzufordern, bevor du dich für ein importiertes Fahrzeug entscheidest.

Vor allem aber gilt: Überstürze nichts. Nimm dir die Zeit, die du brauchst, um eine gut überlegte Entscheidung zu treffen. Dein erstes Auto ist ein großer Schritt, und es lohnt sich, diesen gut vorzubereiten.

8.2 Versicherung und Zulassung

Dein erstes Auto ist ausgewählt, aber bevor du damit losfahren kannst, musst du einige bürokratische Hürden nehmen: die Versicherung und die Zulassung des Fahrzeugs.

Zunächst brauchst du eine Kfz-Haftpflichtversicherung. Dafür musst du eine eVB-Nummer (elektronische Versicherungsbestätigung) bei deiner Versicherung beantragen. Diese siebenstellige Kombination aus Zahlen und Buchstaben ist der Nachweis, dass du das Fahrzeug haftpflichtversichert hast.

Mit der eVB-Nummer, deinem Personalausweis oder Reisepass und weiteren Unterlagen kannst du zur Zulassungsstelle gehen, um dein Fahrzeug anzumelden. Zu diesen Unterlagen zählen:

- die Zulassungsbescheinigung Teil II (bei Gebrauchtfahrzeugen auch Teil I),
- der Nachweis über die letzte Hauptuntersuchung (TÜV),
- die Einzugsermächtigung für die Kfz-Steuer,
- bei einem Neufahrzeug die COC-Bescheinigung (Übereinstimmungsbescheinigung).

Möchtest du ein Wunschkennzeichen, dann solltest du dieses im Vorfeld bei der Zulassungsstelle reservieren. Das ist meist online möglich. Nach der Zulassung ist dein Auto offiziell angemeldet und du darfst damit fahren.

Wichtig zu wissen: Als Fahranfänger musst du meist mit höheren Versicherungsbeiträgen rechnen. Daher könnte es sich lohnen, das Auto erstmal über einen Elternteil zu versichern und dich als Fahrer einzutragen.

8.3 Weiterführende Fahrertrainings

Auch wenn du die Führerscheinprüfung bestanden hast, bedeutet das nicht, dass du schon alles über das Fahren weißt. Es gibt immer noch viel zu lernen! Weiterführende Fahrertrainings, zum Beispiel ein Fahrsicherheitstraining, können dir helfen, dein Können weiter zu verbessern und dich sicherer im Straßenverkehr zu fühlen. Diese Kurse behandeln oft spezielle Situationen wie das Fahren bei Nacht, bei schlechtem Wetter oder das Beherrschen von Notbremsungen und Ausweichmanövern. Du wirst überrascht sein, wie viel du noch lernen kannst und wie viel Spaß das machen kann. Es ist eine Investition in deine Sicherheit und die der anderen Verkehrsteilnehmer.

09

LETZTE WORTE AUF DEM WEG ZUR FAHRERLAUBNIS

Und nun, lieber Leser, stehen wir am Ende unserer gemeinsamen Reise durch dieses Buch. Du bist nun mit dem nötigen Wissen und den richtigen Werkzeugen ausgestattet, um dich der Führerscheinprüfung zu stellen. Du hast gelernt, wie man sicher und verantwortungsbewusst fährt, wie man schwierige Verkehrssituationen meistert und wie man seine Prüfungsangst bewältigt.

Erinnere dich immer daran, dass jeder gute Fahrer einmal genau da war, wo du jetzt bist. Es ist okay, Fehler zu machen und aus ihnen zu lernen. Es ist okay, nervös zu sein und zu zweifeln. Das gehört alles zum Lernprozess dazu. Glaube an dich und sei stolz auf das, was du bereits erreicht hast.

Fahren ist nicht nur eine Fertigkeit, sondern auch eine Verantwortung. Es liegt nun an dir, diese Verantwortung zu übernehmen und die Regeln und Verhaltensweisen, die du gelernt hast, im Straßenverkehr anzuwenden. Vergiss nicht, dass Sicherheit immer an erster Stelle steht, und dass respektvolles und aufmerksames Fahren nicht nur dich, sondern alle anderen Verkehrsteilnehmer schützt.

Wir wünschen dir viel Erfolg bei deiner Prüfung und eine sichere und glückliche Fahrerkarriere. Denk daran: Das Lenkrad liegt in deinen Händen. Du hast das Zeug dazu, ein großartiger Fahrer zu sein. Mach dich auf den Weg, wir glauben an dich!

10

QR-CODE VIDEOGALERIE: DAS WESENTLICHE IM ÜBERBLICK

In diesem Kapitel haben wir eine speziell zusammengestellte Sammlung für dich vorbereitet. In diesem Kapitel findest du alle Videos, welche in dieses Buch integriert wurden, systematisch sortiert, um dir einen leichten Zugang zu gewährleisten. Doch das ist nicht alles! Um dein Lernerlebnis noch zu intensivieren, haben wir zusätzlich eine Reihe von interessanten Videos ausgewählt und eingefügt, die den Inhalt des Buches weiter vertiefen. Außerdem führt dich ein QR-Code zu einer laufend aktualisierten Prüfungsliste, die ständig mit neuen, interessanten Videos ergänzt wird. So bleibst du immer auf dem neuesten Stand und kannst dein Wissen stetig erweitern.

10.1 Optionen beim Führerschein

Was ist die Schlüsselzahl B197?

10.2 Praktische Fahrstunden

Die ersten Schritte

Anfahren

Anfahren am Berg

Schalten

Auffahren auf die Autobahn

Sicherheitsabstand auf der Autobahn

Verlassen der Autobahn

10.3 Verkehrsregeln

Vorfahrtsregelnde Verkehrs-zeichen

Richtzeichen

Wann die Regel »rechts vor links« nicht zählt

10.4 Praktische Fahrprüfung

Komplette Prüfungssimulation

10.4.1 Technische Prüfungsfragen

TÜV Plakette ablesen

Übersicht Motorraum

Ölstand ablesen

Reifen, Rückstrahler und Motorraum

Bremslichter prüfen

Wann schaltet man das Warnblinklicht ein?

Nebelscheinwerfer und Nebelschlussleuchte

Heckscheibenheizung

10.4.2 Grundfahraufgaben

Fahren nach rechts rückwärts unter Ausnutzung einer Einmündung, Kreuzung oder Einfahrt

Rückwärtsfahren in eine Parklücke (Längsaufstellung)

Einfahren in eine Parklücke (Quer- oder Schrägaufstellung)

Umkehren

Gefahrenbremsung

10.4.3 Bei diesen Fehlern fällst du sofort durch!

Rund und rot = »Durchfahrtverbot«

Einfahrt-verboten-Schild übersehen)

Mangelnde Verkehrsbeobachtung und Missachtung der Verkehrsregeln

Geringer Abstand, falsches Verhalten beim Vorbeifahren an Bussen

Fahrradfahrer übersehen

Zusatzschild übersehen

Sperrfläche überfahren

Stoppschild – an der falschen Haltlinie gehalten

Gebotszeichen übersehen

In Fahrradstraße gefahren

Fahrradfahrer mit zu geringem Seitenabstand überholt

Einseitige Fahrstreifenbegrenzung überfahren

Anderen Verkehrsteilnehmer ausgebremst

»Rechts vor links« übersehen

Stoppschild überfahren

10.4.4 Schwierige Prüfungssituationen

Würdest du hier überholen?

Auflösung

Fahrradstraße

Durchfahrt-verboten-Schild am Bahnübergang

Durchfahrt-verboten-Schild, Anlieger bis Baustelle frei

Einfahrt-verboten-Schild, Hinweis auf Wegweiser

Lichtzeichenanlage ausgeschaltet

Stoppschild – zwei Haltlinien

10.5 Wie verhält man sich nach einem Unfall?

Warnweste anziehen und Unfallstelle absichern

Reanimation und stabile Seitenlage

10.6 Prüfungsliste »wird laufend aktualisiert«

10.7 Wie wird man Fahrlehrer?

Made in United States
Orlando, FL
04 November 2026

90218340R00085